Kleppner/Ramsey
**Lehrprogramm Differential-
und Integralrechnung**

Oliver Fuß (1987)

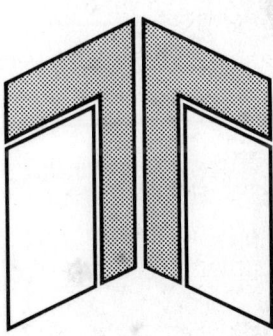

taschentext

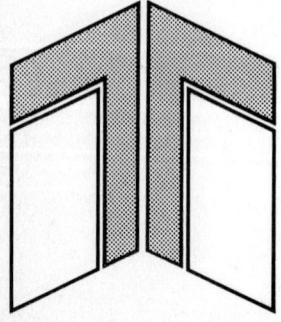

Daniel Kleppner
Norman Ramsey

Lehrprogramm Differential- und Integralrechnung

2. Auflage

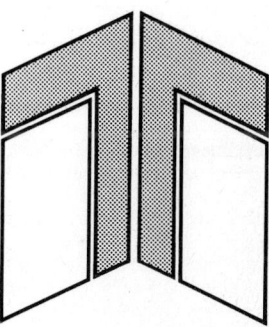

Verlag Chemie
Physik-Verlag

Der Titel der Originalausgabe lautet: Quick Calculus
A Short Manual of Self Instruction
erschienen bei John Wiley & Sons, Inc., New York
Copyright© 1965 by John Wiley & Sons, Inc. All Rights Reserved.

Daniel Kleppner	Norman Ramsey
Associate Professor of Physics	Professor of Physics
Massachusetts Institute of Technology	Harvard University
USA	USA

Übersetzer: Dr. Martin Mitter, Graz

1. Auflage 1972
1. Nachdruck der 1. Auflage 1974
2. Auflage 1982

Dieses Buch enthält 212 Abbildungen und 5 Tabellen

CIP-Kurztitelaufnahme der Deutschen Bibliothek

Kleppner, Daniel:
Lehrprogramm Differential- und Integralrechnung /
D. Kleppner ; N. Ramsey. [Übers.: Marlis Mitter].
2. Aufl. – Weinheim : Verlag Chemie ; [Weinheim] :
Physik-Verlag, 1982
 (Taschentext; 7)
 Einheitssacht.: Quick calculus ⟨dt.⟩
 ISBN 3-527-21091-1 (Verl. Chemie)
 ISBN 3-87664-591-3 (Physik-Verl.)
NE: Ramsey, Norman:; GT

© Verlag Chemie GmbH, D-6940 Weinheim, 1982
Alle Rechte, insbesondere die der Übersetzung in fremde Sprachen, vorbehalten.
Kein Teil dieses Buches darf ohne schriftliche Genehmigung des Verlages in irgendeiner Form – durch Photokopie, Mikrofilm oder irgendein anderes Verfahren –
reproduziert oder in eine von Maschinen, insbesondere von Datenverarbeitungsmaschinen, verwendbare Sprache übertragen oder übersetzt werden.
All rights reserved (including those of translation into foreign languages). No part
of this book may be reproduced in any form – by photoprint, microfilm, or any
other means – nor transmitted or translated into a machine language without written permission from the publishers.
Satz und Druck: Schwetzinger Verlagsdruckerei GmbH, D-6830 Schwetzingen
Buchbinder: Buchbinderei Aloys Gräf, D-6900 Heidelberg
Printed in Germany

Vorwort

Bevor der Leser sich in die Materie stürzt, sollten wir ihm sagen, was dieses Lehrprogramm will. Ziel des Programms ist es, die elementaren Methoden der Differential- und Integralrechnung so effektiv wie möglich zu vermitteln. Der Leser soll in die Lage versetzt werden, sich den Stoff selbständig und mit einem Minimum an Aufwand anzueignen. Da der beste Weg zu einer wirklichen Beherrschung der Differential- und Integralrechnung über die Lösung vieler Aufgaben führt, sind in dieses Buch zahlreiche Übungen und Aufgaben eingestreut worden. Unmittelbar nach ihrer Bearbeitung erfährt der Leser die Lösungen. Wie es dann weitergeht, hängt von dem erzielten Ergebnis ab. War die Antwort richtig, so wird der Leser zu neuen Informationen hingeführt; eine falsche Antwort andererseits hat zur Folge, daß zusätzliche Erläuterungen gegeben oder weitere Aufgaben gestellt werden.

Wir hoffen, mit diesem Buch vielerei Zwecken zu dienen. Ursprünglich verfolgten wir damit das Ziel, amerikanischen College-Anfängern so viel Differential- und Integralrechnung beizubringen, daß sie unmittelbar Physik-Kurse belegen konnten, ohne die Absolvierung eines entsprechenden Kurses in Mathematik abwarten zu müssen. Es stellte sich dann aber bald heraus, daß das Buch auch sonst vielfältig von Nutzen sein würde. Beispielsweise brauchen Studenten der Volks- und Betriebswirtschaft, der Sozialwissenschaften und der Medizin vor und nach ihrer ersten Universitätsprüfung die Differential- und Integralrechnung. Viele dieser Studenten haben vergessen, was sie früher davon lernten, oder sie haben womöglich überhaupt keinen entsprechenden Unterricht gehabt. Hier bietet sich das Lehrprogramm als Hilfe an. Auch für Gymnasiasten, die ihr Studium mit einigem Ehrgeiz angehen wollen, ist es genau das Richtige. Im Gegensatz zu den meisten Lehrbüchern über das Thema betont es die Methoden und Anwendungen, nicht so sehr die strenge Theorie, wodurch es als Einführung besonders geeignet erscheinen muß. Schüler und Studenten, die die Sache einmal anders (nämlich verständlich) dargestellt haben wollen, werden es als Unterlage für das Selbststudium oder auch als Begleittext zum Klassen- oder Vorlesungsunterricht zu schätzen wissen. Besonders hoffen wir auch, daß dieses Buch all denen gefallen wird, die sich mit der Differential- und Integralrechnung aus purer Freude an der Sache befassen.

Wegen dieser unterschiedlichen Ausgangspositionen der Leser beginnen wir dieses Buch mit einem kurzen Rückblick auf Teile der Algebra und Trigonometrie, die für die elementare Differential- und Integralrechnung von Bedeutung sind. Der von der Schule her ausreichend vorbereitete

Leser wird hier sehr schnell vorankommen. War der Mathematikunterricht dürftig, oder liegt er schon lange zurück, so wird der Leser den Wunsch verspüren, sich ausführlicher mit diesem Kapitel zu befassen. Das ist überhaupt eine der Tugenden dieses programmierten Buches — seine Flexibilität: Wie lange sich der Leser mit einem bestimmten Gegenstand befaßt, hängt ganz von seinen persönlichen Voraussetzungen und Bedürfnissen ab.

Alles in allem hoffen wir, daß das Buch seiner Zielsetzung gerecht wird, die wir (Anmerkung des Übersetzers: in der amerikanischen Originalausgabe) mit dem Titel ,,Quick Calculus" umschrieben haben.

Harvard University
Cambridge, Massachusetts

Daniel Kleppner
Norman Ramsey

Inhalt

Kapitel I. Einige Vorbemerkungen 1

1. Funktionen 1
2. Graphische Darstellungen 9
3. Lineare und quadratische Funktionen 15
4. Trigonometrie 25
5. Exponenten und Logarithmen 42

Kapitel II. Differentialrechnung 53

1. Grenzwerte 53
2. Geschwindigkeit 70
3. Ableitungen 83
4. Graphische Darstellungen einer Funktion und ihrer Ableitungen 88
5. Differentiation 97
6. Differentiationsregeln 106
7. Das Differenzieren von trigonometrischen Funktionen 119
8. Das Differenzieren von Logarithmen und Exponenten 126
9. Ableitungen höherer Ordnung 137
10. Maxima und Minima 141
11. Differentiale 150
12. Eine kurze Übersicht und einige Übungsaufgaben 155
13. Zusammenfassung von Kapitel II 161

Kapitel III. Die Integralrechnung 163

1. Das unbestimmte Integral 163
2. Integration 168
3. Der Flächeninhalt unter einer Kurve 184
4. Bestimmte Integrale 197
5. Einige Anwendungen der Integration 207
6. Mehrfache Integrale 216
7. Zusammenfassung 230

Kapitel IV. Übersicht 233

Übersicht von Kapitel I. Einige Vorbemerkungen 233
Übersicht von Kapitel II. Differentialrechnung 237
Übersicht von Kapitel III. Integralrechnung 242

Anhang A. Ableitungen 247

A1 Trigonometrische Funktionen der Winkelsummen 247
A2 Einige Theoreme über Grenzwerte 248
A3 Grenzwerte, die trigonometrische Funktionen enthalten 252
A4 Differentiation von x^n 254
A5 Differentiation von trigonometrischen Funktionen 256
A6 Differentiation des Produkts aus zwei Funktionen 257
A7 Kettenregel der Differentiation 257
A8 Die Zahl e 258
A9 Differentiation von ln x 259
A10 Differentiale, bei denen beide Variable von einer dritten abhängen 260
A11 Beweis von $\frac{dy}{dx} = 1/\frac{dx}{dy}$ 261
A12 Beweis, daß zwei Funktionen mit derselben Ableitung sich nur um eine Konstante unterscheiden 262

Anhang B. Zusätzliche Themen 263

B1 Eine andere Definition der Funktionen 263
B2 Partielle Ableitungen 264
B3 Implizite Differentiation 267
B4 Differentiation der inversen trigonometrischen Funktionen 269
B5 Differentialgleichungen 271
B6 Literaturvorschläge 274

Übersichtsaufgaben 275

Übersichtsaufgaben 275
Lösungen der Übersichtsaufgaben 280

Tabellen 283

Tabelle 1. Ableitungen 283
Tabelle 2. Integrale 285

Register 287

Sachregister 287
Verzeichnis der Symbole 291

Kapitel I

Einige Vorbemerkungen

Abschnitt 1. Funktionen

$\boxed{1}$ Trotz ihres erschreckenden Namens ist die Differential- und Integralrechnung kein besonders schwieriger Gegenstand. Natürlich wird man sie nicht von heute auf morgen beherrschen, aber die grundlegenden Ideen lassen sich bei einiger Anstrengung verhältnismäßig schnell erfassen.

Dieses Buch soll eine Starthilfe für den Studierenden sein. Wenn er es durchgearbeitet hat, sollte er viele Aufgaben lösen können und auch für weitere anspruchsvollere Methoden vorbereitet sein. Wichtig ist hier das Wort *arbeiten;* wir hoffen jedoch, daß die Arbeit großenteils Spaß machen wird.

Der größte Teil dieser Arbeit besteht darin, Fragen zu beantworten und Übungsaufgaben zu lösen. Der Weg des einzelnen Lesers hängt von seinen Lösungen ab. Findet er bei einer Aufgabe das richtige Ergebnis, darf er im Stoff weitergehen. Macht die Aufgabe hingegen Schwierigkeiten, so wird das Ergebnis erklärt, und es werden zusätzliche Aufgaben gestellt, an denen der Leser feststellen kann, ob er den Stoff nun verstanden hat. In jedem Fall kann er seine Lösungen gleich im Anschluß an die Aufgabe überprüfen.

Bei vielen Aufgaben gibt es Auswahlantworten. Die in Frage kommenden Antworten sind   a b c d   angeordnet. Das nach Ihrer Ansicht zutreffende Ergebnis wird dann angekreuzt. Die richtige Lösung befindet sich jeweils unten auf der nächsten bzw. übernächsten Seite (d. h. einmal umblättern). Einige Fragen sind in Worten zu beantworten. Der dafür vorgesehene Platz ist durch eine längere punktierte Linie gekennzeichnet; die richtige Lösung befindet sich dann in einem der folgenden Lernschritte, auf den hingewiesen wird.

Auch wenn Ihre Lösung richtig ausgefallen ist, können Sie sich unsicher fühlen; in diesem Fall folgen Sie bitte den Anweisungen für die falsche Lösung. Es besteht kein Anlaß, dieses Buch in einer Rekordzeit zu erledigen.

Weiter nach $\boxed{2}$.

2 Damit der Leser weiß, was ihn erwartet, skizzieren wir hier kurz den Aufbau des Buches: dieses erste Kapitel ist eine Übersicht, die später von Nutzen sein wird; Kapitel II behandelt die Differentialrechnung und Kapitel III die Integralrechnung. Das letzte Kapitel, IV, enthält einen gedrängten Abriß des gesamten früheren Stoffes. Es folgen zwei Anhänge: der erste gibt formale Beweise zu einigen im Text verwendeten Beziehungen, im zweiten werden ergänzende Themen diskutiert. Es folgt eine Reihe von zusätzlichen Übungsaufgaben mit Lösungen und ein Abschnitt mit sicherlich recht nützlichen Tabellen.

Bei den ersten Lernschritten raten wir zu besonderer Aufmerksamkeit: Da am Anfang einige Definitionen notwendig sind, fällt der erste Abschnitt des Buches sehr viel formaler aus als die meisten späteren.

Zunächst werden wir die Definition einer Funktion wiederholen. Sollten Sie diese sowie den Begriff der unabhängigen und abhängigen Variablen bereits kennen, so beginnen Sie bitte bei Abschnitt 2 (Lernschritt $\boxed{14}$). (In diesem Kapitel hat der mit dem Stoff bereits vertraute Leser reichlich Gelegenheit zum Überspringen. Andererseits ist vielleicht ein Teil des Stoffes neu; dann wäre es gut, wenn Sie etwas Zeit auf diese Übersicht verwenden.)

Weiter nach $\boxed{3}$.

1. Funktionen

3 Die Definition einer Funktion verwendet den Begriff einer *Menge*. Wissen Sie, was eine Menge ist? Wenn ja, weiter nach 4. Wenn nein, bitte weiterlesen.

Eine *Menge* ist eine Ansammlung von Objekten — nicht notwendigerweise von materiellen Objekten —, die so beschrieben sind, daß kein Zweifel besteht, ob ein bestimmtes Objekt zu der Menge gehört oder nicht. Eine Menge kann durch Aufzählen ihrer Elemente beschrieben werden. Beispiel: die Menge der Zahlen 23, 7, 5, 10. Ein anderes Beispiel: Mars, Rom, Frankreich.

Wir können eine Menge auch mit Hilfe einer Regel beschreiben, z. B.: alle geraden, positiven ganzen Zahlen (diese Menge enthält eine unendliche Anzahl von Objekten). Eine andere Menge, die mit einer Regel beschrieben wird, ist die Menge aller Planeten in unserem Sonnensystem.

Eine besonders nützliche Menge ist die Menge aller reellen Zahlen, die alle positiven und negativen Zahlen wie 5, -4, 0, $1/2$, $-3{,}482$, $\sqrt{2}$ usw. umfaßt, zu der aber nicht die Zahlen gehören, die $\sqrt{-1}$ enthalten.

Der mathematische Gebrauch des Wortes „Menge" ist vergleichbar mit der Verwendung desselben Wortes in der Umgangssprache, z. B. „eine Menge von Golfclubs".

Weiter nach 4.

---

4 Vermerken Sie auf der punktierten Linie alle Elemente der Menge, die aus allen ungeraden positiven ganzen Zahlen besteht, die kleiner als 10 sind.

....

Weiter nach 5 : *dort befindet sich die richtige Antwort.*

---

5 Die Elemente der Menge aller ungeraden positiven ganzen Zahlen, die kleiner als 10 sind, lauten

1, 3, 5, 7, 9.

Weiter nach 6.

6 Jetzt können wir über Funktionen sprechen. Da die genaue Definition formal sein muß, beginnen wir mit einer einfachen Veranschaulichung.

In einigen Zeitungen findet man eine Liste, in der die Temperatur stundenweise vermerkt ist. In einer solchen Liste ist jeder Stunde eines Tages eine bestimmte Temperatur zugeordnet. In der Mathematik nennt man eine solche Zuordnung von zwei Objekten oder Größen eine *Funktion*.

Wir werden die folgende formale Definition einer Funktion verwenden. (Haben Sie bereits eine ganz andere Definition gelernt, siehe Anhang B1, S. 263.)

> Wenn jedes Element einer Menge A genau einem Element der Menge B zugeordnet ist, dann nennt man diese Zuordnung eine *Funktion* von A zu B. Die Menge A nennt man den Definitionsbereich der Funktion.

Weiter nach **7**.

---

7 Oft verwenden wir ein Symbol, beispielsweise x, um irgendein Element der Menge A (des Definitionsbereichs der Funktion) darzustellen. Das Symbol x wird dann die *unabhängige Variable* genannt. Wenn das Symbol y das Element der Menge B darstellt, das dem Element x durch die Funktion zugeordnet ist, nennen wir y die *abhängige Variable*. Diese Definitionen sind wirklich leicht verständlich: bei der üblichen Anwendung einer Funktion wählen wir zunächst willkürlich und unabhängig einen bestimmten Wert für die unabhängige Variable x, und mit Hilfe der Funktion erhalten wir dann den Wert der abhängigen Variablen y, die durch x bestimmt ist (oder davon *abhängt*).

Weiter nach **8**.

1. Funktionen

8   Um uns zu vergewissern, daß diese Definitionen klar geworden sind, betrachten wir noch einmal das Beispiel in Lernschritt $\boxed{6}$, in dem eine Liste die Temperatur studenweise erfaßt. Ergänzen Sie im folgenden Satz die richtigen Wörter.

In dieser Liste ist die Zuordnung zwischen der Temperatur und der Zeit eine .... der Uhrzeit zur Temperatur. Wenn das Symbol h die Uhrzeit des Tages und das Symbol T die Temperatur darstellen, dann lautet die unabhängige Variable .... und die abhängige Variable ....

Weiter nach $\boxed{9}$: dort befinden sich die richtigen Antworten.

---

9   Sie sollten geschrieben haben, daß die Zuordnung eine *Funktion* der Uhrzeit zur Temperatur ist. Die unabhängige Variable ist h, und die abhängige Variable ist T.

Waren alle Antworten richtig, haben Sie die Definitionen verstanden; weiter nach $\boxed{11}$. War eine Antwort falsch, weiter nach $\boxed{10}$.

|10| Gemäß der Definition in Lernschritt |6| ist die Zuordnung eine *Funktion* der Uhrzeit zur Temperatur, da jeder Stunde eines Tages genau eine Temperatur zugeordnet ist. Die Menge, deren Elemente die Stunden des Tages bilden, entspricht der Menge A in der Definition. Somit ist h, das ein Element dieser Menge darstellt, die unabhängige Variable. Die Temperatur T ist die abhängige Variable. Diese Terminologie ist vernünftig, da wir irgendeine Stunde des Tages, h, *unabhängig* wählen können und dann mit Hilfe der Funktion die Temperatur, T, finden, die von der gewählten Stunde *abhängt*.

Wenn Sie glauben, das verstanden zu haben, weiter nach |11| . Fühlen Sie sich immer noch unsicher, so lesen Sie bitte noch einmal von |3| bis |10| ; dann weiter nach |11| .

1. Funktionen

11 Betrachten wir nun, wie man eine Funktion genau angibt. Eine Möglichkeit besteht darin, daß die Zuordnung zwischen den entsprechenden Elementen der beiden Mengen in einer Liste genau aufgestellt wird. Die andere Möglichkeit besteht in einer Regel, nach der man die abhängige Variable findet, wenn man sie durch die unabhängige Variable ausdrückt. Diese Regel hat oft die Form einer Gleichung. Beispielsweise könnte eine Funktion, die der unabhängigen Variablen t die abhängige Variable S zuordnet, durch die Gleichung

$$S = 2t^2 + 6t.$$

genau angegeben werden. Diese Gleichung definiert die Funktion, da sie jedem Wert der Variablen t genau einen Wert der Variablen S zuordnet.

Genau genommen ist die Funktion erst dann vollständig spezifiziert, wenn wir die erlaubten Werte (den Definitionsbereich) der unabhängigen Variablen angeben. Es gibt eine einfache Übereinkunft, der wir hier folgen werden: sofern nicht anders vermerkt wird, kann die unabhängige Variable jede reelle Zahl sein, für die die abhängige Variable gleichfalls eine reelle Zahl ist. Infolgedessen kann t im obigen Beispiel jeden reellen Wert haben. Liegt dagegen eine durch $y = \sqrt{x}$ definierte Funktion vor, so ist x auf alle nicht-negativen reellen Zahlen beschränkt.

In mathematischen Diskussionen sind die unabhängige und auch die abhängige Variable meistens reine Zahlen wie 5, 1 oder $\sqrt{7}$. In Anwendungen haben dagegen die Variablen oft Dimensionen oder Maßeinheiten, wie z. B. 5,1 s oder $\sqrt{7}$ km.

Weiter nach **12**.

|12| Wir stellen eine Funktion gewöhnlich durch einen Buchstaben wie f dar. Ist die unabhängige Variable x, dann wird die durch die Funktion f zugeordnete abhängige Variable oft als $f(x)$ geschrieben und „f von x" gelesen. Die Klammer in $f(x)$ gehört zur Bezeichnungsweise und zeigt an, daß die Größe in der Klammer die unabhängige Variable darstellt. Somit besagt $f(x)$ *nicht* f mal x, obwohl die Klammer in $5(3+2) = 25$ diese Bedeutung hat. Der zweideutige Gebrauch der Klammer mag zunächst etwas verwirrend sein; Sie werden aber sehr bald sagen können, wann die Klammer ein Teil des Symbols $f(x)$ ist. Ein Vorteil dieser Bezeichnungsweise besteht darin, daß der Wert der abhängigen Variablen, z. B. bei $x = 3$, durch $f(3)$ angegeben werden kann.

Weiter nach |13|.

|13| In der Mathematik wird das Symbol x meistens für eine unabhängige Variable verwandt, f stellt in den meisten Fällen die Funktion dar, und $y = f(x)$ bezeichnet gewöhnlich die abhängige Variable. Es kann aber auch jedes andere Symbol für die Funktion, die unabhängige und die abhängige Variable verwandt werden. Es kann beispielsweise $z = H(r)$ vorkommen, was sich „z gleich H von r" liest. In dem Beispiel in |11| könnten wir für $S = 2t^2 + 6t$ ebenso gut

$$F(t) = 2t^2 + 6t,$$

geschrieben haben; in diesem Fall wäre

$$S = F(t)$$

Da wir nun wissen, was eine Funktion abstrakt bedeutet, gehen wir zur Diskussion von graphischen Darstellungen über.

Weiter zum nächsten Abschnitt, |14|.

Abschnitt 2. Graphische Darstellungen

|14| Wenn Ihnen bekannt ist, wie Funktionen graphisch dargestellt werden, weiter nach |19|. Anderenfalls
weiter nach |15|.

|15| Soll eine durch $y = f(x)$ definierte Funktion dargestellt werden, zeichnet man am besten eine graphische Darstellung. Dazu rufen wir uns ins Gedächtnis zurück, wie man Koordinaten konstruiert. Zuerst zeichnen wir ein Paar zueinander senkrechter Geraden, die einander schneiden, wobei die eine Gerade vertikal, die andere horizontal verläuft. Die horizontale Gerade wird gewöhnlich die *horizontale Achse* oder *x-Achse* genannt und die vertikale die *vertikale Achse* oder *y-Achse*. Der Schnittpunkt heißt der *Ursprung*, und die Achsen zusammen nennt man die *Koordinatenachsen*.

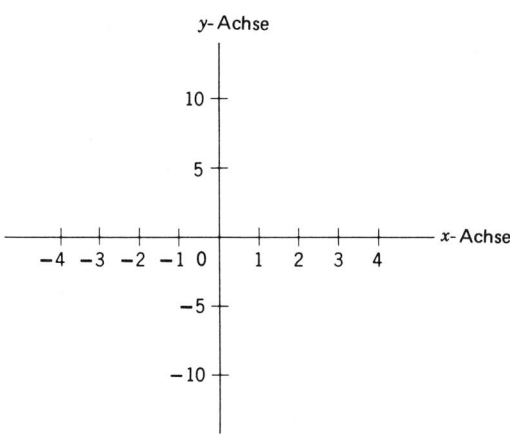

Als nächstes wählen wir eine bequeme Längeneinheit und markieren den Ursprung als den Nullpunkt; von dort ausgehend zeichnen wir auf der x-Achse eine Zahlenskala ein, die nach rechts positive und nach links negative Werte annimmt. Auf dieselbe Weise zeichnen wir eine Skala auf der y-Achse ein, wobei die positiven Zahlenwerte nach oben und die negativen nach unten verlaufen. Der Maßstab auf der y-Achse muß nicht derselbe wie der auf der x-Achse sein; y und x können auch verschiedene Maßeinheiten haben, z. B. Entfernung und Zeit.

Weiter nach |16|.

16 Wir können ein durch die Funktion verknüpftes bestimmtes Wertepaar auf folgende Weise darstellen: Es sei a ein spezieller Wert für die unabhängige Variable x, und b gebe den entsprechenden Wert von $y = f(x)$ an. Dann ist $b = f(a)$. Auf der x-Achse zeichnen wir mit Hilfe unserer Zahlenskala einen Punkt ein, der der Zahl a entspricht. Dieser Punkt ist in der Abbildung der Punkt A. Auf der y-Achse zeichnen wir einen der Zahl b entsprechenden Punkt ein, der in der Abbildung als B erscheint.

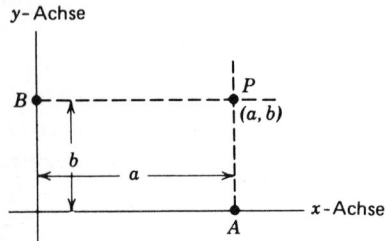

Nun zeichnen wir eine Gerade, die senkrecht zur x-Achse durch A verläuft, und eine andere Gerade senkrecht zur y-Achse durch B. Der Punkt P, in dem die beiden Geraden einander schneiden, stellt das Wertepaar (a, b) für x bzw. y dar.

Die Zahl a wird oft der x-Wert von P oder die *Abszisse* genannt, während b der y-Wert oder die *Ordinate* von P genannt wird. Wenn wir einen Punkt durch die typische Bezeichnungsweise (x, y) angeben, setzen wir in der Klammer die Abszisse x immer an die erste Stelle, vor das Komma, und y an die zweite Stelle, hinter das Komma.

Zum Einprägen dieser Terminologie kreuzen Sie bitte unten die richtigen Antworten an. Für den mit $(5, -3)$ bezeichneten Punkt ist:

Die Abszisse -5 -3 3   5

Die Ordinate -5 -3 3   5

Antwort siehe S. 12.

(Die Antworten sollten immer erst überprüft werden, bevor man weitergeht.)

Weiter nach **17**.

2. Graphische Darstellungen

17 Am besten zeichnet man die graphische Darstellung einer Funktion $y = f(x)$ mit Hilfe einer Tabelle, in der man die x-Werte und die entsprechenden Werte von $y = f(x)$ in angemessenen Abständen einträgt. Wie im vorhergehenden Lernschritt kann dann jedes Wertepaar (x, y) durch einen Punkt dargestellt werden. Eine graphische Darstellung der Funktion erhält man, indem man die Punkte durch eine glatte Kurve miteinander verbindet. Natürlich werden die Punkte auf der Kurve nur eine Näherung sein. Wenn wir eine genaue Darstellung wollen, müssen wir sehr sorgfältig sein und viele Punkte eintragen. (Für die meisten Zwecke genügt aber eine grobe Darstellung.)

Weiter nach 18.

---

18 Als Beispiel zeigen wir hier eine graphische Darstellung der Funktion $y = 3x^2$. In der Tabelle sind die x- und y-Werte angegeben, die als Punkte auf dem Graphen eingetragen sind.

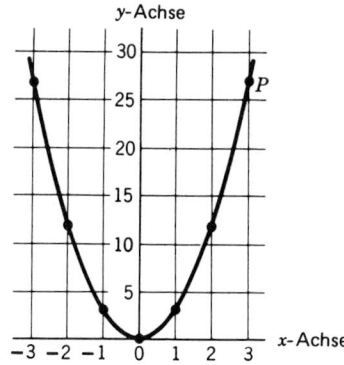

x	y
-3	27
-2	12
-1	3
0	0
1	3
2	12
3	27

Zur Kontrolle kreuzen Sie bitte unten das Koordinatenpaar an, das dem in der Abbildung eingetragenen Punkt P entspricht.

(3,27)   (27,3)   keines von beiden

Überprüfen Sie die Antwort (siehe S. 12). Ist sie richtig, weiter nach 19. Ist sie falsch, wiederholen Sie bitte Lernschritt 16, dann weiter nach 19.

12   *1. Einige Vorbemerkungen*

|19| Wir befassen uns nun mit einer speziellen Funktion. Vielleicht
ist sie Ihnen in dieser Form noch nicht begegnet. Man nennt sie eine
konstante Funktion, denn sie ordnet allen Werten der unabhängigen
Variablen x eine einzige feste Zahl c zu. Somit ist $f(x) = c$.

Es handelt sich um eine außergewöhnliche Funktion, da der Wert der
abhängigen Variablen für alle Werte der unabhängigen Variablen derselbe
ist. Immerhin wird die Definition einer Funktion befolgt: die Relation
$f(x) = c$ ordnet jedem Wert von x genau einen Wert von $f(x)$ zu. Es
kann eben vorkommen, daß alle Werte von $f(x)$ dieselben sind.

Überzeugen Sie sich anhand der Abbildung davon, daß die graphische
Darstellung der konstanten Funktion $y = f(x) = 3$ eine gerade Linie ist,
die parallel zur x-Achse und durch den Punkt $(0,3)$ verläuft.

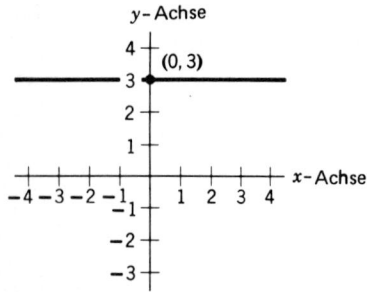

Weiter nach |20|.

Antworten |16| : 5, −3

Antwort |18| : (3,27).

2. Graphische Darstellungen

20 Eine weitere einfache Funktion ist die *Funktion des Absolutbetrags*. Der Absolutbetrag von x wird durch die Symbole $|x|$ gekennzeichnet. Der Absolutbetrag einer Zahl x bestimmt den Wert der Zahl ohne Rücksicht auf ihr Vorzeichen. Daher gilt

$$|-3| = |3| = 3.$$

Nun wollen wir $|x|$ auf allgemeine Weise definieren. Zunächst müssen wir aber die Symbole der Ungleichheit wiederholen:

$a > b$ bedeutet a ist größer als b.
$a \geq b$ bedeutet a ist größer als oder gleich b.
$a < b$ bedeutet a ist kleiner als b.
$a \leq b$ bedeutet a ist kleiner als oder gleich b.

Mit dieser Bezeichnungsweise können wir die Funktion des Absolutbetrags $|x|$ durch die folgenden zwei Regeln definieren:

$$|x| = x \text{ wenn } x \geq 0$$
$$= -x \text{ wenn } x < 0.$$

Weiter nach **21**.

---

21 Das Verhalten einer Funktion läßt sich sehr gut veranschaulichen, wenn man ihre graphische Darstellung zeichnet. Tragen Sie deshalb zur Übung den Graphen der Funktion $y = |x|$ in die Abbildung unten ein.

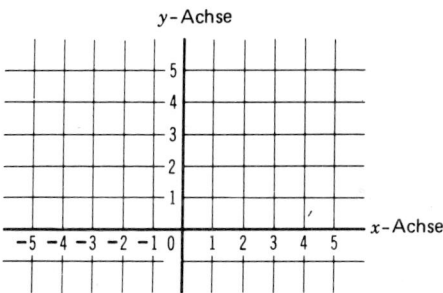

Zur Kontrolle der Lösung weiter nach **22**.

| 22 | Die Abbildung zeigt den richtigen Graphen $|x|$.

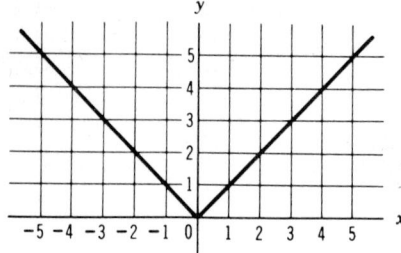

Dies wird deutlich, wenn man auf die folgende Weise eine Tabelle der x- und y-Werte aufstellt:

x	$y = |x|$
−4	+4
−2	+2
0	0
+2	+2
+4	+4

Wie in den Lernschritten |16| und |18| kann man diese Punkte eintragen und dann die Linien ziehen, wodurch man die obige Abbildung erhält.

Mit dieser Einführung in die Begriffe Funktion und graphische Darstellung wollen wir nun kurz einen Blick auf wichtige grundlegende Funktionen werfen, mit denen Sie sich vertraut machen müssen.

Es handelt sich um die linearen, die quadratischen, trigonometrischen, exponentiellen und die logarithmischen Funktionen.

Weiter nach Abschnitt 3, |23| .

Abschnitt 3. Lineare und quadratische Funktionen

23 Eine Funktion, die durch eine Gleichung der Form $y = mx + b$ definiert wird, wobei m und b Konstante sind, nennt man eine *lineare* Funktion, weil ihre graphische Darstellung eine gerade Linie ist. Dies ist eine einfache und nützliche Funktion, die Sie wirklich beherrschen sollten.

Hier ein Beispiel: Kreuzen Sie den Buchstaben an, der die graphische Darstellung von $y = 3x - 3$ bezeichnet.

A B C

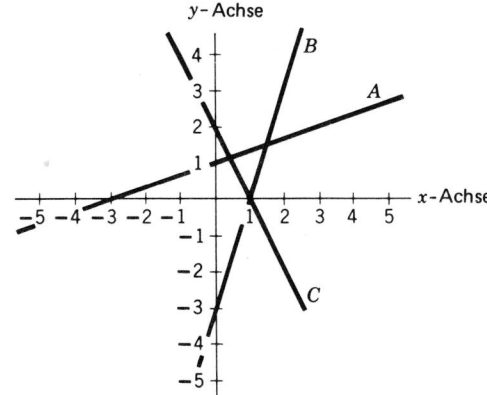

Die richtige Antwort finden Sie auf Seite 16 unten. Wenn Sie falsch geantwortet haben oder sich nicht völlig sicher fühlen, weiter nach $\boxed{24}$.

Anderenfalls weiter nach $\boxed{25}$.

---

24 Die Funktion lautete $y = 3x - 3$. In der Tabelle unten sind einige x- und y-Werte aufgeführt.

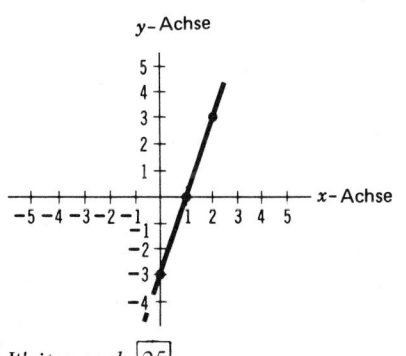

Einige dieser Punkte sind auf dem Graphen eingetragen. Die gerade Linie, die durch sie gezogen wurde, ist die Linie B in der Abbildung von Lernschritt $\boxed{23}$.

x	y
-2	-9
-1	-6
0	-3
1	0
2	3

Weiter nach $\boxed{25}$.

25

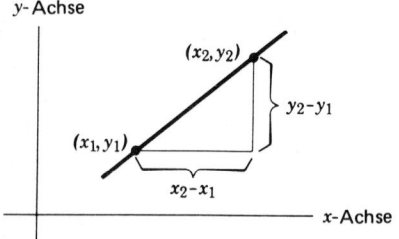

Es folgt die graphische Darstellung einer typischen linearen Gleichung. Wählen wir zwei beliebige Punkte (x_2, y_2) und (x_1, y_1) auf der Geraden. Wir definieren die *Steigung* der Geraden in folgender Weise:

$$\text{Steigung} = \frac{y_2 - y_1}{x_2 - x_1}$$

Wenn wir diesen Ausdruck oben und unten mit -1 multiplizieren, zeigt sich, daß die Steigung auch gleich dem Ausdruck $(y_1 - y_2)/(x_1 - x_2)$ ist. Der Begriff der Steigung ist für unsere spätere Arbeit sehr wichtig; wir wollen uns daher die Zeit nehmen, etwas mehr darüber zu erfahren.

Weiter nach 26.

26

Sind, wie in der Abbildung, die Maßstäbe auf der x- und y-Achse die gleichen, dann ist die Steigung das Verhältnis des *vertikalen* Abstandes zum *horizontalen* Abstand eines Punktes auf der Geraden von einem anderen, wobei das Vorzeichen des jeweiligen Geradenabschnitts aus der Gleichung in Lernschritt 25 zu nehmen ist. Wenn die Gerade vertikal verläuft, ist die Steigung unendlich (genauer gesagt, undefiniert). Es sollte klar sein, daß die Steigung für alle Punktepaare auf der Geraden die gleiche ist.

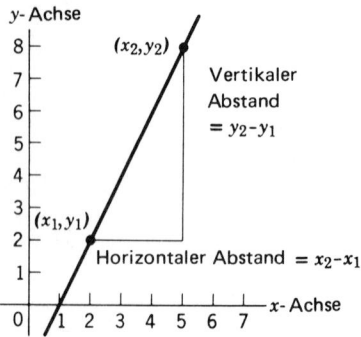

Weiter nach 27.

Antwort 23 : B

3. Lineare und quadratische Funktionen

|27| Wenn die vertikalen und horizontalen Maßstäbe nicht dieselben sind, ist die Steigung auch weiterhin als

$$\text{Steigung} = \frac{\text{vertikaler Abstand}}{\text{horizontaler Abstand}}$$

definiert; der Abstand wird dann aber in dem entsprechenden Maßstab gemessen. Beispielsweise sehen die beiden Abbildungen unten einander ähnlich, aber die Steigungen sind sehr verschieden. In der ersten Abbildung sind die x- und y-Maßstäbe identisch, und die Steigung beträgt $1/2$. In der zweiten Abbildung wurde der y-Maßstab um einen Faktor 100 verändert, und die Steigung beträgt 50.

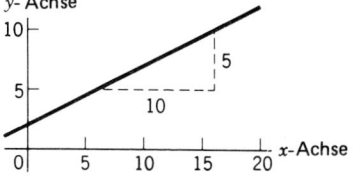
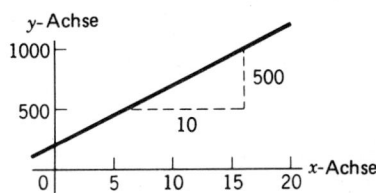

Da die Steigung das Verhältnis zweier Längen ist, ist sie eine reine Zahl, sofern die Längen reine Zahlen sind. Wenn die Variablen aber verschiedene Dimensionen haben, so hat auch die Steigung Dimensionen.

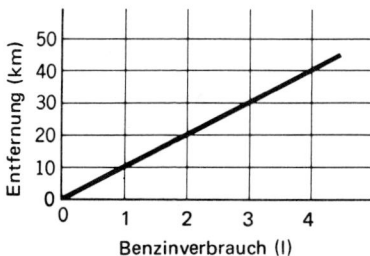

Das vorstehende Diagramm zeigt die von einem Auto zurückgelegte Strecke gegen die Menge verbrauchten Benzins. Die Steigung hat hier die Einheit km/l (oder km pro Liter). Welche Steigung hat die eingezeichnete Linie? Antwort siehe S. 18.

Steigung = 5   10   15   20 km/l

Bei richtiger Antwort weiter nach |29| .
Anderenfalls weiter nach |28| .

| 28 | Um die Steigung zu berechnen, suchen wir die Koordinaten von zwei Punkten auf der Geraden. Beispielsweise hat A die Koordinaten (4 Liter, 40 km) und B die Koordinaten (1 Liter, 10 km). Die Steigung beträgt daher

$$\frac{(40-10)\,\text{km}}{(4-1)\,\text{l}} = \frac{30\,\text{km}}{3\,\text{l}} = 10 \text{ km pro l.}$$

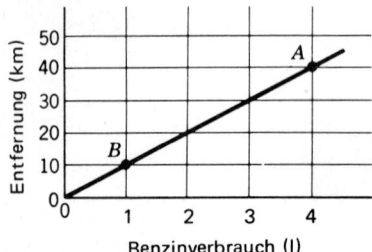

Natürlich hätten wir für die Steigung denselben Wert erhalten, wenn wir zwei andere Punkte gewählt hätten, denn das Verhältnis des vertikalen Abstandes zum horizontalen Abstand ist überall dasselbe.

Weiter nach | 29 | .

| 29 | Nun zeigen wir einen anderen Weg, die Steigung einer Geraden zu berechnen, wenn ihre Gleichung gegeben ist. Unsere lineare Gleichung hat die Form $y = mx + b$. Die Steigung ist durch

$$\text{Steigung} = \frac{y_2 - y_1}{x_2 - x_1}$$

gegeben. Wenn wir in diesen Audruck $mx + b$ für y einsetzen, erhalten wir

$$\text{Steigung} = \frac{mx_2 + b - (mx_1 + b)}{x_2 - x_1} = \frac{mx_2 - mx_1}{x_2 - x_1} = \frac{m(x_2 - x_1)}{x_2 - x_1} = m.$$

Was ist die Steigung von $y = 7x - 5$?

5/7   7/5   −5   −7   5   7

Bei richtiger Antwort weiter nach | 31 | .
Anderenfalls weiter nach | 30 | .

Antwort | 27 | : 10 km/l.

3. Lineare und quadratische Funktionen

|30|

Die Gleichung $y = 7x - 5$ kann unmittelbar in der Normalform $y = mx + b$ geschrieben werden, worin $m = 7$ und $b = -5$ ist. Da die Steigung = m ist, hat die gegebene Gerade die Steigung 7.

Weiter nach |31|.

|31|

Die Steigung einer Geraden kann positiv (größer als 0), negativ (kleiner als 0) oder 0 sein. Für alle drei Fälle sind unten Beispiele graphisch dargestellt.

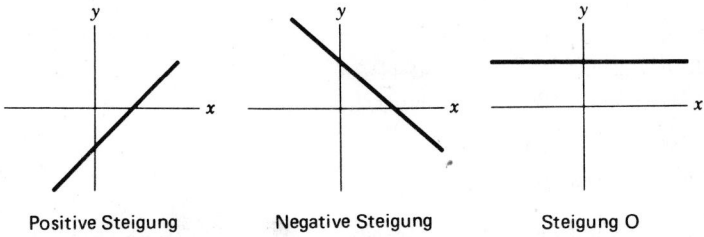

Positive Steigung **Negative Steigung** **Steigung 0**

Man beachte, daß eine Gerade mit positiver Steigung von links nach rechts ansteigt, während eine Gerade mit negativer Steigung von links nach rechts abfällt.

Geben Sie an, ob die Steigung in der graphischen Darstellung der folgenden Gleichungen positiv, negativ oder 0 ist. Kreuzen Sie das Gewählte an. Antwort siehe S. 20.

Gleichung	Steigung		
1. $y = 2x - 5$	+	−	0
2. $y = -3x$	+	−	0
3. $p = q - 2$	+	−	0
4. $y = 4$	+	−	0

Waren alle Antworten richtig, weiter nach |33|.
War mindestens eine falsch, weiter nach |32|.

| 32 | Hier sind die Erklärungen zu den Fragen in | 31 | .

In Lernschritt | 29 | sahen wir, daß für die Normalform der linearen Gleichung, $y = mx + b$, die Steigung gleich m ist.

1. $y = 2x - 5$. Hier ist $m = 2$, und die Steigung ist 2. Offensichtlich ist das eine positive Zahl (s. Abb. 1 unten).

2. $y = -3x$. Hier ist $m = -3$. Die Steigung ist -3, also negativ (s. Abb. 2 unten).

3. $p = q - 2$. In dieser Gleichung sind die Variablen nicht x und y, sondern p und q. Folglich lautet die Normalform mit diesen Variablen $p = mq + b$. Hier ist $m = 1$, also positiv (s. Abb. 3).

4. $y = 4$. Dies ist das Beispiel einer konstanten Funktion. Hier ist $m = 0$, $b = 4$ und die Steigung = 0 (s. Abb. 4).

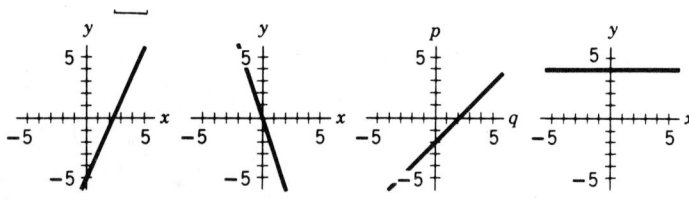

Positive Steigung	Negative Steigung	Positive Steigung	Steigung 0
$y = 2x - 5$	$y = -3x$	$p = q - 2$	$y = 4$
Abb. 1	Abb. 2	Abb. 3	Abb. 4

Weiter nach | 33 | .

Antwort | 29 | : 7

Antworten | 31 | : +, −, +, 0

3. Lineare und quadratische Funktionen

33 Hier ist das Beispiel einer linearen Gleichung, in der die Steigung eine bekannte Bedeutung hat. Die graphische Darstellung rechts zeigt die Position S eines Autos auf einer geraden Straße zu verschiedenen Zeiten. Die Position $S = 0$ bedeutet, daß das Auto sich am Ausgangspunkt befindet.

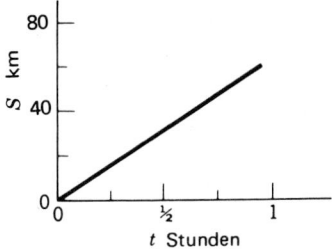

Sie müßten erraten können, welches Wort unten zu ergänzen ist:

Die Steigung der Geraden hat denselben Wert wie die .... des Autos.

Die richtige Antwort befindet sich in **34**.

---

34 Die Steigung der Geraden hat denselben Wert wie die *Geschwindigkeit* des Autos.

Die Erklärung ist folgende: die Steigung ist durch das Verhältnis der zurückgelegten Entfernung zur benötigten Zeit gegeben. Aber definitionsgemäß ist auch die Geschwindigkeit die zurückgelegte Entfernung geteilt durch die Zeit. Folglich ist die Steigung der Geraden gleich der Geschwindigkeit.

Weiter nach **35**.

|35| Betrachten wir nun einen anderen Gleichungstyp. Eine Gleichung der Form $y = ax^2 + bx + c$, in der a, b und c Konstante sind, nennt man eine *quadratische* Gleichung und ihre graphische Darstellung eine *Parabel*. Die Abbildung zeigt zwei typische Parabeln.

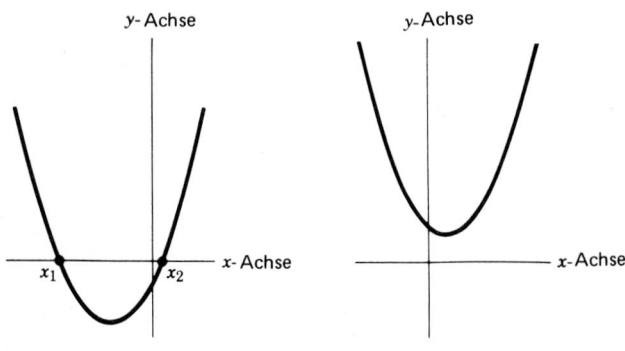

Weiter nach |36| .

|36| Die Werte von x in $y = 0$, die in der linken Abbildung durch x_1 und x_2 bezeichnet werden, entsprechen den Werten von x, die $ax^2 + bx + c = 0$ erfüllen; man nennt sie die *Wurzeln* der Gleichung. Nicht alle quadratischen Gleichungen haben reelle Wurzeln. Die Kurve in der rechten Abbildung stellt beispielsweise eine Gleichung dar, die in $y = 0$ keinen reellen x-Wert hat.

Obwohl Sie auch weiter hinten in diesem Buch nicht bei jeder quadratischen Gleichung die Wurzeln finden müssen, möchten Sie vielleicht die Formel erfahren. Sind Sie an einer Diskussion interessiert, weiter nach |37| . Anderenfalls weiter nach |39| .

3. Lineare und quadratische Funktionen

37 Die Gleichung $ax^2 + bx + c = 0$ hat zwei Wurzeln, und diese sind durch

$$x_1 = \frac{-b + \sqrt{b^2 - 4ac}}{2a} \qquad x_2 = \frac{-b - \sqrt{b^2 - 4ac}}{2a}$$

gegeben. Die unteren Indizes sollen lediglich die beiden Wurzeln kennzeichnen. Man kann sie weglassen und die beiden oberen Gleichungen zu

$$x = \frac{-b \pm \sqrt{b^2 - 4ac}}{2a}$$

zusammenfassen.

Wir wollen diese Ergebnisse nicht beweisen; sie können aber überprüft werden, indem man die Werte für x in die ursprüngliche Gleichung einsetzt.

Zur Übung im Auffinden von Wurzeln hier eine Aufgabe: In welcher Antwort sind die Wurzeln von $3x - 2x^2 = 1$ richtig angegeben?

a) $\frac{1}{4}(3 + \sqrt{17}); \frac{1}{4}(3 - \sqrt{17})$

b) $-1; -\frac{1}{2}$

c) $\frac{1}{4}; -\frac{1}{4}$

d) $1; \frac{1}{2}$

Der Buchstabe der richtigen Antwort ist anzukreuzen.

  a b c d

Bei richtiger Antwort weiter nach **39**.
Bei falscher Antwort weiter nach **38**.

| 38 | Hier ist die Lösung zu der Aufgabe in | 37 | .

Die Gleichung $3x - 2x^2 = 1$ kann in der Normalform geschrieben werden:

$$2x^2 - 3x + 1 = 0$$

Hier ist $a = 2$, $b = -3$, $c = 1$.

$$x = \frac{1}{2a}[-b \pm \sqrt{b^2 - 4ac}] = \frac{1}{4}[-(-3) \pm \sqrt{3^2 - 4 \times 2 \times 1}]$$

$$= \frac{1}{4}(3 \pm 1)$$

$$x_1 = \frac{1}{4} \times 4 = 1$$

$$x_2 = \frac{1}{4} \times 2 = \frac{1}{2}$$

Weiter nach | 39 | .

| 39 | Damit ist unsere kurze Diskussion der linearen und quadratischen Gleichungen beendet. Vielleicht möchten Sie, ehe Sie weiter arbeiten, etwas mehr Erfahrung in diesen Themen sammeln. In diesem Fall sind die Übersichtsaufgaben 1–5 am Ende dieses Buches durchzuarbeiten. In Kapitel IV finden Sie eine gedrängte Zusammenfassung des bisher besprochenen Stoffes, die ebenfalls nützlich sein dürfte.

Ist der Stoff bewältigt, weiter nach Abschnitt 4, Lernschritt | 40 | .

Antwort | 37 | : d

Abschnitt 4. Trigonometrie

40 In der Trigonometrie begegnen wir den Winkeln; wir geben deshalb einen schnellen Überblick über die Einheiten, in denen man Winkel mißt. Es gibt zwei wichtige Einheiten: *Grad* und *Radiant*.

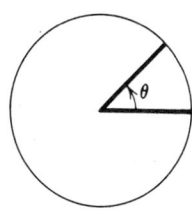

Grad: Ein Kreis wird in 360 gleiche Winkel eingeteilt. Jeder dieser Winkel beträgt 1° (ein Grad). (Jeder Grad wird weiter unterteilt in 60 Minuten [60′] und jede Minute wiederum in 60 Sekunden [60″]. Wir werden aber diese feinen Einteilungen hier nicht benötigen.) Daraus folgt, daß ein Halbkreis 180° enthält. Welcher der folgenden Winkel ist gleich dem in der Abbildung dargestellten Winkel θ (griechischer Buchstabe Theta)?

25°   45°   90°   180°

Wenn richtig, weiter nach **42**.
Anderenfalls weiter nach **41**.

---

41 Um den Winkel θ zu finden, betrachten wir zunächst ein verwandtes Beispiel.

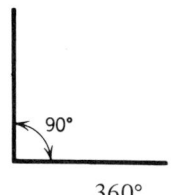

Der dargestellte Winkel ist ein rechter. Da ein ganzer Kreis vier rechte Winkel enthält, muß der Winkel offensichtlich

$$\frac{360°}{4} = 90°$$

betragen.

Der in **40** gezeigte Winkel θ ist genau halb so groß wie der rechte Winkel; somit beträgt er 45°

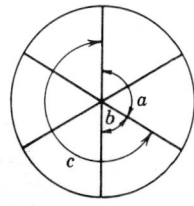

Hier zeigen wir einen Kreis, der von drei geraden Linien in gleiche Kreisabschnitte eingeteilt wird. Welcher Winkel beträgt 240°?

a *b* *c*

Weiter nach **42**.

| 42 | Die zweite Einheit bei der Winkelmessung und die für unsere spätere Arbeit nützlichste ist der *Radiant*.

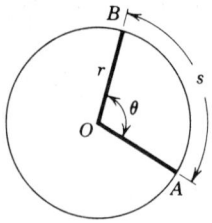

Um die Größe eines Winkels in Radiant zu finden, zeichnen wir um den Scheitelpunkt 0 des Winkels einen Kreis mit dem Radius r, der die Seiten des Winkels in zwei Punkten schneidet, die in der Abbildung mit A und B bezeichnet sind. Die Bogenlänge zwischen A und B ist mit s bezeichnet. Dann ist

$$\theta \text{ (in Radiant)} = \frac{s}{r} = \frac{\text{Länge des Bogens}}{\text{Radius}}$$

Um zu sehen, ob Sie den vorangegangenen Abschnitt verstanden haben, beantworten Sie bitte diese Frage: Ein Kreis entspricht 360 Grad; wieviele Radiant sind das?

1   2 π 2π $360/\pi$

Wenn richtig, weiter nach | 44 |.
Anderenfalls weiter nach | 43 |.

| 43 | Der Umfang eines Kreises ist durch $c = 2\pi r$ gegeben. Die Länge des Kreisbogens ist dann $2\pi r$, und der entsprechende Winkel beträgt $2\pi r/r = 2\pi$ Radiant; dies ist in der linken Abbildung gezeigt. In der Abbildung rechts bildet der Winkel θ einen Bogen $s = r$. Kreuzen Sie die Antwort an, die θ wiedergibt.

1 rad   1/4 rad   1/2 rad π rad   keine von diesen

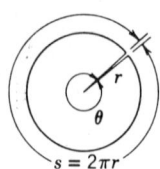 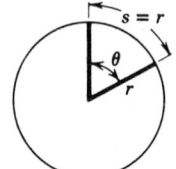

Weiter nach | 44 |.

Antwort | 40 | : $45°$
        | 41 | : c

4. Trigonometrie

44 Da wir später viele Relationen entwickeln werden, die einfacher sind, wenn die Winkel in Radiant gemessen werden, halten wir uns an die Regel, daß *alle Winkel in Radiant ausgedrückt sind, außer wenn sie mit Grad bezeichnet sind.*

Das Wort Radiant ist manchmal voll ausgeschrieben, manchmal mit rad abgekürzt, aber gewöhnlich ganz ausgelassen. Beispiele: $\theta = 0{,}6$ Radiant; $27°$ bedeutet 27 Grad; $\pi/3$ rad bedeutet $\pi/3$ Radiant.

Weiter nach **45**.

---

45 Da 2π rad $= 360°$, lautet die Formel für die Umwandlung von Grad in Radiant

$$1 \text{ rad} = \frac{360°}{2\pi}$$

und

$$1 \text{ Grad} = \frac{2\pi \text{ rad}}{360}$$

Sie sollten nun folgende Aufgaben lösen können (die richtige Antwort ist anzukreuzen):

$60° = 2\pi/3 \quad \pi/3 \quad \pi/4 \quad \pi/6$ rad

$\pi/8 = 22\ 1/2° \quad 45° \quad 60° \quad 90°$

Welcher der folgenden Winkel ist 1 rad am nächsten? (Bedenke: $\pi = 3{,}14\ldots$)

$30° \quad 45° \quad 60° \quad 90°$

Wenn richtig, weiter nach **47**.
Bei mindestens einem Fehler weiter nach **46**.

46 Dies sind die Lösungen zu den Aufgaben in Lernschritt **45**.
Die Formeln in **45** sollten deutlich machen, daß

$$60° = 60 \times \frac{2\pi \text{ rad}}{360} = \frac{2\pi \text{ rad}}{6} = \frac{\pi}{3} \text{ rad}$$

$$\frac{\pi}{8} \text{ rad} = \frac{\pi}{8} \times \frac{360°}{2\pi} = \frac{360°}{16} = 22\frac{1}{2}°.$$

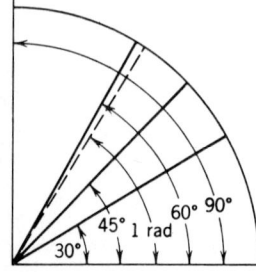

$1 \text{ rad} = \frac{360°}{2\pi}$. Da 2π nur etwas größer als 6 ist, beträgt 1 rad etwas weniger als $\frac{360°}{6} = 60°$. (Genau ist 1 rad = 57°, 18′.) Die Abbildung zeigt die Winkel aus **45**.

Weiter nach **47**.

---

47 In dem abgebildeten Kreis steht CG senkrecht auf AE.

arc AB = arc BC = arc AH.
arc AD = arc DF = arc FA.

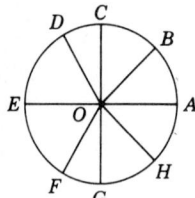

(arc AB bedeutet die Länge des Kreisbogens zwischen A und B, und zwar entlang des kürzesten Weges.)

Wir bezeichnen einen Winkel mit drei Buchstaben, z. B. $\angle AOB$ (zu lesen „Winkel AOB").

Folgende Winkel sollten Sie nun bestimmen können:

$\angle AOD$ =   60°   90°   120°   150°   180°

$\angle FOH$ =   15°   30°   45°   60°   75°   90°

$\angle BOH$ =   1/4   1 $\pi/2$ $\pi/4$ $\pi/8$

Waren alle Antworten richtig, weiter nach **49**.
Bei mindestens einer falschen Antwort weiter nach **48**.

Antworten **42** : 2π
           43 : 1 rad
           45 : $\pi/3$, 22 1/2°, 60°

4. Trigonometrie

48 Wenn Sie sich mit der Abbildung in **47** und den Definitionen in **40** und **42** gründlich befassen, wird Ihnen Ihr Fehler bei der Beantwortung von **47** klar werden. Anschließend sind folgende Aufgaben zu lösen:

$90° = 2\pi \quad \pi/6 \quad \pi/2 \quad \pi/8 \quad 1/4$

$3\pi = 240° \quad 360° \quad 540° \quad 720°$

$\pi/6 = 15° \quad 30° \quad 45° \quad 60° \quad 90° \quad 120°$

Weiter nach **49**.

---

49 Als nächstes müssen wir uns ein Bild von den trigonometrischen Funktionen machen. Diese Funktionen werden u. a. dazu verwandt, die Seiten der Dreiecke, insbesondere der rechtwinkligen Dreiecke, mit ihren Winkeln in Beziehung zu setzen. Wir kommen auf diese Anwendung demnächst zurück. Als erstes wollen wir die trigonometrischen Funktionen in einer allgemeineren und nützlicheren Weise definieren.

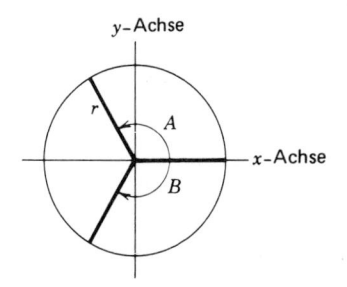

Die Abbildung zeigt einen Kreis mit dem Radius r, in den die x- und y-Achsen eingezeichnet sind. Wir wählen die positive x-Achse als Bezugslinie. Den Absichten dieses Abschnitts entsprechend werden die Winkel von dieser Bezugslinie aus gemessen. Ein Winkel, der durch eine Drehung im entgegengesetzten Uhrzeigersinn gebildet wird, ist positiv; ein Winkel, der durch eine Drehung im Uhrzeigersinn entsteht, ist negativ. Laut Abbildung ist beispielsweise Winkel A positiv und B negativ.

Weiter nach **50**.

| 50 | Sind Ihnen die allgemeinen Definitionen der trigonometrischen Funktionen eines Winkels θ bekannt? Wenn ja, prüfen Sie sich bitte anhand der untenstehenden Fragen. Wenn nein, weiter nach Lernschritt | 51 |.

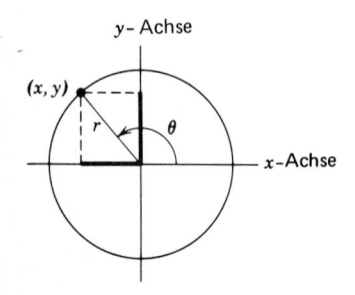

Die trigonometrischen Funktionen von θ können durch die Koordinaten x und y und den Radius des Kreises, $r = \sqrt{x^2 + y^2}$, ausgedrückt werden. Diese sind in der Abbildung dargestellt. Ergänzen Sie nun die rechten Seiten der Gleichungen (die Antworten befinden sich in | 51 | :

$$\sin \theta = \ldots \qquad \cot \theta = \ldots$$
$$\cos \theta = \ldots \qquad \sec \theta = \ldots$$
$$\tan \theta = \ldots \qquad \csc \theta = \ldots$$

Zur Kontrolle der Antworten weiter nach | 51 |.

Antworten | 47 | : 120°, 75°, π/2

Antworten | 48 | : π/2, 540°, 30°

4. Trigonometrie

51 Die Definitionen der trigonometrischen Funktionen lauten:

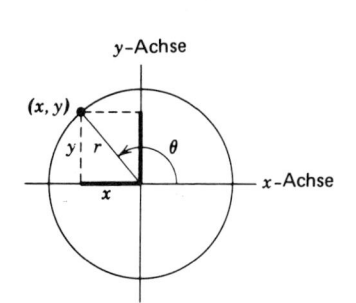

Sinus: $\sin \theta = \dfrac{y}{r}$

Kosinus: $\cos \theta = \dfrac{x}{r}$

Tangens: $\tan \theta = \dfrac{y}{x}$

Kotangens: $\cot \theta = 1/\tan \theta = \dfrac{x}{y}$

Sekans: $\sec \theta = 1/\cos \theta = \dfrac{r}{x}$

Kosekans: $\csc \theta = 1/\sin \theta = \dfrac{r}{y}$

Bei dem in der Abbildung gezeigten Winkel ist x negativ und y positiv ($r = \sqrt{x^2 + y^2}$ und immer positiv), so daß $\cos \theta$, $\tan \theta$, $\cot \theta$ und $\sec \theta$ negativ sind.

Haben Sie sich diese Definitionen eingeprägt, weiter nach **52**.

---

52 Wir betrachten einen Kreis mit Radius 5. Der eingezeichnete Punkt liegt bei $(-3, -4)$. Folgendes sollte gemäß den Definitionen im letzten Lernschritt beantwortet werden:

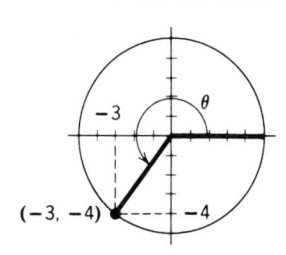

$\sin \theta = $ 3/5   5/3   3/4   −4/5   −3/5   4/3

$\cos \theta = $ 3/5   5/3   3/4   −4/5   −3/5   4/3

$\tan \theta = $ 3/5   5/3   3/4   −4/5   −3/5   4/3

Waren alle Antworten richtig, weiter nach **55**.
Anderenfalls weiter nach **53**.

|53| Vielleicht hatten Sie Schwierigkeiten, weil Ihnen nicht klar war, daß x und y in den verschiedenen Quadranten (Viertelkreisen) verschiedene Vorzeichen haben, während der Radius r immer positiv ist. Versuchen Sie, die folgende Aufgabe zu lösen:

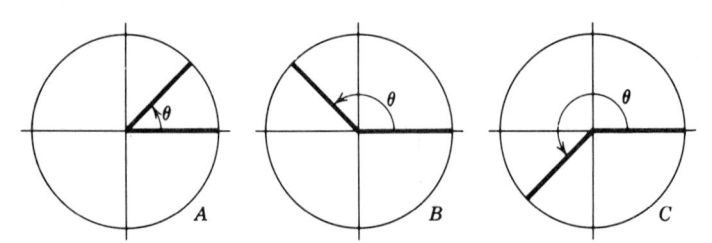

Bei allen drei Abbildungen gebe man an, ob die betreffende Funktion positiv oder negativ ist, indem man das richtige Kästchen ankreuzt.

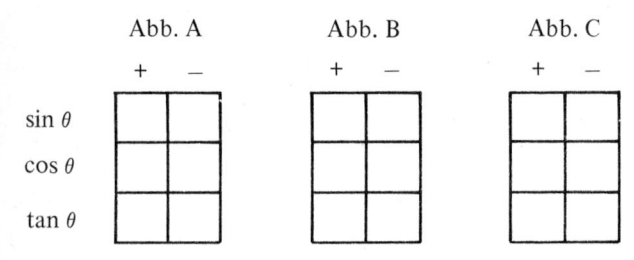

	Abb. A +	Abb. A −	Abb. B +	Abb. B −	Abb. C +	Abb. C −
$\sin \theta$						
$\cos \theta$						
$\tan \theta$						

Die richtigen Antworten befinden sich in |54|.

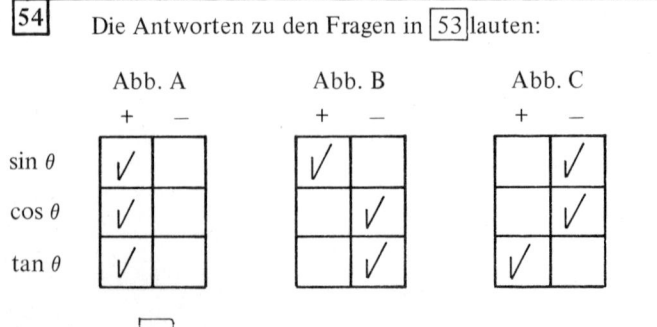

|54| Die Antworten zu den Fragen in |53| lauten:

	Abb. A +	Abb. A −	Abb. B +	Abb. B −	Abb. C +	Abb. C −
$\sin \theta$	✓		✓			✓
$\cos \theta$	✓			✓		✓
$\tan \theta$	✓			✓	✓	

Weiter nach |55|.

Antworten |52| : $-4/5, -3/5, 4/3$

4. Trigonometrie

55

Die Abbildung zeigt sowohl θ als auch $-\theta$. Die trigonometrischen Funktionen dieser beiden Winkel stehen in einfacher Beziehung zueinander. Können Sie diese Aufgaben lösen? Kreuzen Sie das richtige Vorzeichen an:

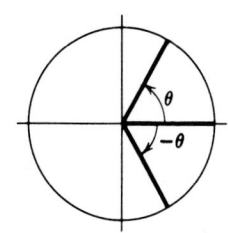

$\sin(-\theta) = +\quad -\quad \sin\theta$

$\cos(-\theta) = +\quad -\quad \cos\theta$

$\tan(-\theta) = +\quad -\quad \tan\theta$

Weiter nach 56.

56

Zwischen den trigonometrischen Funktionen gibt es viele Beziehungen. Verwenden wir z. B. $x^2 + y^2 = r^2$, so erhalten wir

$$\sin^2\theta = \frac{y^2}{r^2} = \frac{r^2 - x^2}{r^2} = 1 - \left(\frac{x}{r}\right)^2 = 1 - \cos^2\theta$$

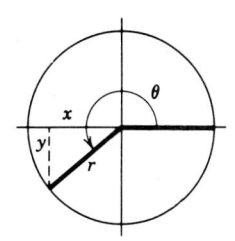

Kreuzen Sie die richtigen Lösungen der folgenden Gleichungen an:

1. $\sin^2\theta + \cos^2\theta = \sec^2\theta \quad 1 \quad \tan^2\theta \quad \cot^2\theta$

2. $1 + \tan^2\theta = 1 \quad \tan^2\theta \quad \cot^2\theta \quad \sec^2\theta$

3. $\sin^2\theta - \cos^2\theta = 1 - 2\cos^2\theta \quad 1 - 2\sin^2\theta \quad \cot^2\theta \quad 1$

Bei mindestens einem Fehler weiter nach 57.
Anderenfalls weiter nach 58.

|57| Hier sind die Lösungen zu Aufgabe |56|.

1. $\sin^2\theta + \cos^2\theta = \dfrac{y^2}{r^2} + \dfrac{x^2}{r^2} = \dfrac{x^2+y^2}{r^2} = \dfrac{r^2}{r^2} = 1$

Dieses ist eine wichtige Identität, die man sich einprägen sollte.

2. $1 + \tan^2\theta = 1 + \dfrac{\sin^2\theta}{\cos^2\theta} = \dfrac{\cos^2\theta + \sin^2\theta}{\cos^2\theta} = \dfrac{1}{\cos^2\theta} = \sec^2\theta$

3. $\sin^2\theta - \cos^2\theta = 1 - \cos^2\theta - \cos^2\theta = 1 - 2\cos^2\theta = 2\sin^2\theta - 1$.

Weiter nach |58|.

|58|

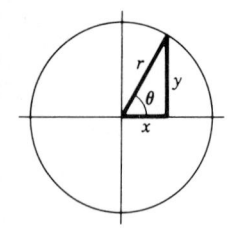

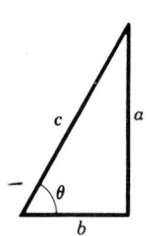

Die trigonometrischen Funktionen sind besonders nützlich, wenn sie auf rechtwinklige Dreiecke (Dreiecke mit einem rechten Winkel) angewandt werden. In diesem Fall ist θ immer spitz (kleiner als 90° oder $\pi/2$). Schreiben Sie die trigonometrischen Funktionen, ausgedrückt durch die Seiten a, b und c des abgebildeten Dreiecks, an:

$\sin\theta = $ .... $\cot\theta = $ ....

$\cos\theta = $ .... $\sec\theta = $ ....

$\tan\theta = $ .... $\csc\theta = $ ....

Ihre Antwort können Sie in |59| *überprüfen.*

Antworten |55| : $-, +, -$;

|56| : $1, \sec^2\theta, 1 - 2\cos^2\theta$

4. Trigonometrie

59 Die Antworten lauten:

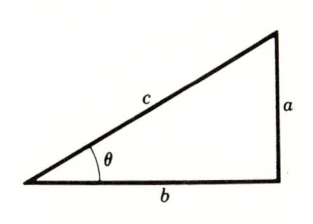

$$\sin \theta = \frac{a}{c} = \frac{\text{gegenüberliegende Seite}}{\text{Hypotenuse}}$$

$$\cos \theta = \frac{b}{c} = \frac{\text{anliegende Seite}}{\text{Hypotenuse}}$$

$$\tan \theta = \frac{a}{b} = \frac{\text{gegenüberliegende Seite}}{\text{anliegende Seite}}$$

$$\cot \theta = \frac{b}{a} = \frac{\text{anliegende Seite}}{\text{gegenüberliegende Seite}}$$

$$\sec \theta = \frac{c}{b} = \frac{\text{Hypotenuse}}{\text{anliegende Seite}}$$

$$\operatorname{cosec} \theta = \frac{c}{a} = \frac{\text{Hypotenuse}}{\text{gegenüberliegende Seite}}$$

Diese Resultate ergeben sich aus den Definitionen in $\boxed{51}$, vorausgesetzt, daß die Seiten a, b und c den Größen y, x bzw. r entsprechen. (Bedenken Sie, daß θ hier kleiner als $90°$ ist.) Auch wenn die Ausdrücke gegenüberliegende Seite, anliegende Seite und Hypotenuse unbekannt sind, sollten sie aus der Abbildung deutlich hervorgehen.

Weiter nach $\boxed{60}$.

---

60 Die folgenden Aufgaben nehmen auf die Abbildung Bezug (ϕ ist der griechische Buchstabe „Phi").

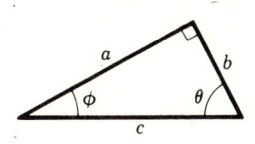

$\cos \theta =$ b/c a/c c/a c/b b/a a/b

$\tan \phi =$ b/c a/c c/a c/b b/a a/b

Waren beide Antworten richtig, weiter nach $\boxed{62}$.
Waren beide Antworten falsch, weiter nach $\boxed{61}$.

61 Vielleicht hat es Sie verwirrt, daß das Dreieck in einer neuen Lage gezeichnet war. Wiederholen Sie bitte die Definitionen in 51, und lösen Sie dann die folgenden Aufgaben:

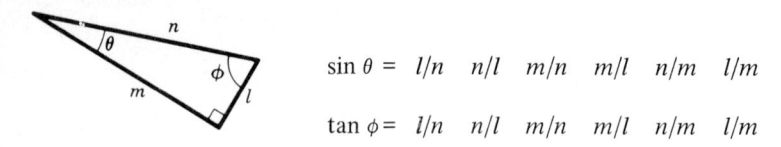

$\sin \theta =$ l/n n/l m/n m/l n/m l/m

$\tan \phi =$ l/n n/l m/n m/l n/m l/m

War eine der beiden Antworten falsch, so müssen Sie sich die Definitionen intensiver einprägen. Bei Definitionen gibt es leider keine andere Möglichkeit, als sich anzustrengen und auswendig zu lernen.

Inzwischen weiter nach 62.

---

62 Sie sollten die rechtwinkeligen Dreiecke kennen, deren übrige Winkel 45° bzw. 30° und 60° betragen. Ihre Seiten sind proportional zu den eingezeichneten Zahlen.

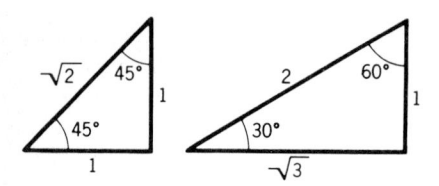

Versuchen Sie, die folgenden Aufgaben zu lösen:

$\cos 45° =$ $1/2$ $1/\sqrt{2}$ $2\sqrt{2}$ 2

$\sin 30° =$ 3 $\sqrt{3/2}$ $2/3$ $1/2$

$\sin 45° =$ $1/2$ $1/\sqrt{2}$ $2\sqrt{2}$ 2

$\tan 30° =$ 1 $\sqrt{3}$ $1/\sqrt{3}$ 2

Sind Sie sicher, daß diese Aufgaben verstanden sind? Dann weiter nach 63.

Antworten 60: b/c, b/a

4. Trigonometrie

63 Da der Winkel $2\pi + \theta$ in bezug auf das Diagramm äquivalent zu θ ist, können wir zu jedem Winkel 2π hinzufügen, ohne den Wert der trigonometrischen Funktionen zu verändern.

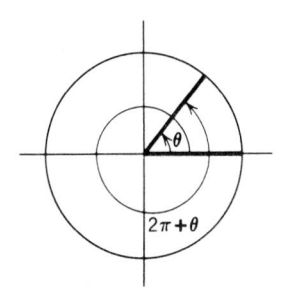

Da die Sinus- und Kosinusfunktionen ihre Werte wiederholen, wenn θ um 2π zunimmt, sagen wir, daß die Funktionen in θ *periodisch* sind und ihre Periode 2π beträgt. Tan θ und cot θ sind ebenfalls periodisch, aber ihre Periode ist π.

Weiter nach 64.

64 Der Leser soll mit den graphischen Darstellungen der trigonometrischen Funktionen vertraut werden. Die Abbildung unten zeigt z. B. die graphische Darstellung von $\sin \theta$.

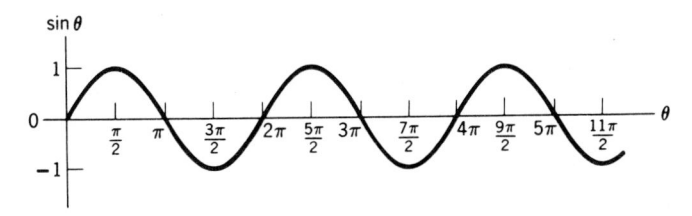

Weiter nach 65.

| 65 |

a *b* *c*

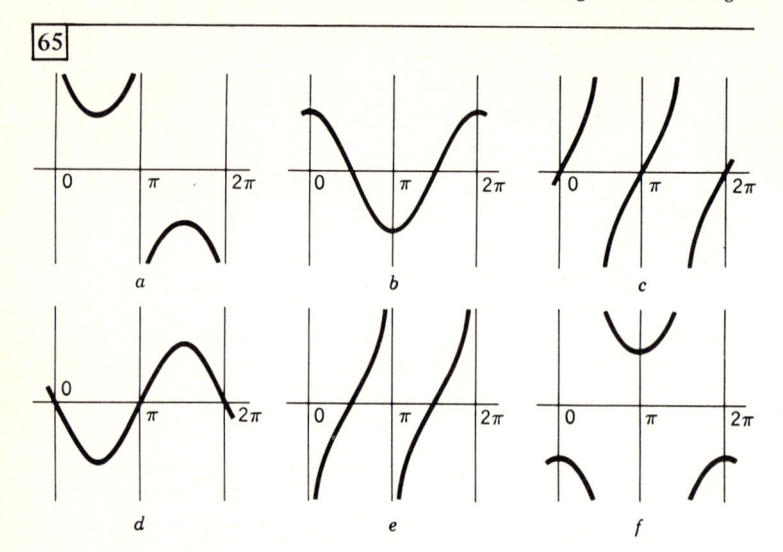

d *e* *f*

Welche graphische Darstellung stellt welche Funktion dar:

cos θ :	a	b	c	d	e	f	keine von diesen
tan θ :	a	b	c	d	e	f	keine von diesen
sin (−θ):	a	b	c	d	e	f	keine von diesen
tan (−θ):	a	b	c	d	e	f	keine von diesen

Waren alle Antworten richtig, weiter nach | 67 | .
Anderenfalls weiter nach | 66 | .

| 66 | Sie werden die trigonometrischen Funktionen leichter identifizieren, wenn Sie ihre Werte an einigen wichtigen Punkten kennen. Beantworten Sie Folgendes (∞ ist das Symbol für unendlich):

$$\sin\ (0°) = \quad 0 \quad 1 \quad -1 \quad -\infty \quad +\infty$$
$$\cos\ (90°) = \quad 0 \quad 1 \quad -1 \quad -\infty \quad +\infty$$
$$\tan\ (45°) = \quad 0 \quad 1 \quad -1 \quad -\infty \quad +\infty$$

Weiter nach | 67 | .

Antworten | 61 | : *l/n, m/l*
| 62 | : $1\sqrt{2}, 1/2, 1/\sqrt{2}, 1/\sqrt{3}$

4. Trigonometrie

67 Es ist sehr praktisch, wenn man den Sinus und Kosinus der Summe und der Differenz zweier Winkel kennt.

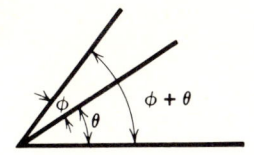

Kennen Sie diese Formeln von früher her? Wenn nein, weiter nach $\boxed{68}$. Wenn ja, beantworten Sie bitte die Testfragen:

$\sin(\theta + \phi) = $ ....

$\cos(\theta + \phi) = $ ....

Die richtige Antwort befindet sich in Lernschritt $\boxed{68}$.

---

68 Dies sind die benötigten Formeln. Ihre Ableitung finden Sie in Anhang A1.

$$\sin(\theta + \phi) = \sin\theta \cos\phi + \cos\theta \sin\phi$$

$$\cos(\theta + \phi) = \cos\theta \cos\phi - \sin\theta \sin\phi$$

(Beachten Sie, daß man $\tan(\theta + \phi)$ und $\cot(\theta + \phi)$ aus diesen Formeln und der Relation $\tan\theta = \sin\theta/\cos\theta$ erhalten kann.)

Mit Hilfe des Gelernten kreuzen Sie im Folgenden jeweils das richtige Vorzeichen an:

a) $\sin(\theta - \phi) = $ + − $\sin\theta \cos\phi$ + − $\cos\theta \sin\phi$

b) $\cos(\theta - \phi) = $ + − $\cos\theta \cos\phi$ + − $\sin\theta \sin\phi$

Wenn richtig, weiter nach $\boxed{70}$.
Wenn falsch, weiter nach $\boxed{69}$.

69 Wenn Sie bei Aufgabe **68** einen Fehler gemacht haben, erinnern Sie sich bitte an **55**, wo es heißt

$$\sin(-\phi) = -\sin\phi$$
$$\cos(-\phi) = +\cos\phi$$

Dann ist

$$\sin(\theta - \phi) = \sin(\theta)\cos(-\phi) + \cos(\theta)\sin(-\phi)$$
$$= \sin(\theta)\cos(\phi) - \cos(\theta)\sin(\phi)$$

$$\cos(\theta - \phi) = \cos(\theta)\cos(-\phi) - \sin(\theta)\sin(-\phi)$$
$$= \cos(\theta)\cos(\phi) + \sin(\theta)\sin(\phi)$$

Weiter nach **70**.

---

70 Mit Hilfe der Ausdrücke für $\sin(\theta + \phi)$ und $\cos(\theta + \phi)$ erhält man die Formeln für $\sin 2\theta$ und $\cos 2\theta$. Man setzt einfach $\theta = \phi$. Auf den rechten Gleichungsseiten ist dann einzutragen:

$$\sin 2\theta = \dots\dots\dots\dots\dots\dots\dots\dots\dots\dots$$
$$\cos 2\theta = \dots\dots\dots\dots\dots\dots\dots\dots\dots\dots$$

Die richtigen Antworten befinden sich in **71**.

---

71 $\sin 2\theta = 2\sin\theta\cos\theta$
  $\cos 2\theta = \cos^2\theta - \sin^2\theta$

Weiter nach **72**.

Antworten **65** : *b, c, d,* keine von diesen
  66 : 0, 0, 1
  68 : a) +, −;
      b) +, +

4. Trigonometrie

|72| Es ist oft bequem, wenn man die *inverse trigonometrische Funktion* verwendet; sie bezeichnet den Winkel, für den die trigonometrische Funktion den betreffenden Wert hat. Die inverse trigonometrische Funktion zu $y = \sin \theta$ ist daher $\theta = \arcsin y$; das liest sich als „Arkus Sinus von y" und steht für den Winkel, dessen Sinus y ist. Der arcos y, arctan y, usw. werden in ähnlicher Weise definiert. Folgende Aufgabe ist zu lösen:

arcsin $(1/2)$ = ...

Die richtige Antwort befindet sich in |73|.

|73| Arcsin $(1/2) = 30°$, da $\sin (30°) = 1/2$ (s. Lernschritt |62|); arcsin y ist als der Winkel definiert, dessen Sinus y ist.

Wir gehen nun zum nächsten Abschnitt über, der unsere Übersicht abschließt.

Weiter nach |74|.

Abschnitt 5. Exponenten und Logarithmen

74 Kennen Sie bereits Exponenten? Wenn nein, weiter nach **75**.
Wenn ja, beantworten Sie bitte diese Kontrollfragen:

$a^5 \quad = 5^a \quad 5\log a \quad a\log 5 \quad$ keines von diesen

$a^{b+c} = a^b \times a^c \quad a^b + a^c \quad ca^b \quad (b+c)\log a$

$a^f/a^g = (f-g)\log a \quad a^{f/g} \quad a^{(f-g)} \quad$ keines von diesen

$a^0 \quad = 0 \quad 1 \quad a \quad$ keines von diesen

$(a^b)^c = a^b \times a^c \quad a^{(b+c)} \quad a^{(bc)} \quad$ keines von diesen

Bei mindestens einem Fehler weiter nach **75**.
Anderenfalls weiter nach **76**.

75 Laut Definition ist a^m das Produkt aus m Faktoren a. Somit ist

$2^3 = 2 \times 2 \times 2 = 8$, und $10^2 = 10 \times 10 = 100$.

Ferner ist laut Definition $a^{-m} = 1/a^m$.

Es ist leicht ersichtlich, daß dann

$a^m \times a^n = a^{(m+n)}$
$a^m/a^n = a^{(m-n)}$
$a^0 \quad = a^m/a^m = 1$ (m kann irgendeine ganze Zahl sein)
$(a^m)^n = a^{(mn)}$
$(ab)^m = a^m b^m$

Weiter nach **76**.

5. Exponenten und Logarithmen

76 Folgende Aufgaben sind zu lösen:

3^2 = 6 8 9 keines von diesen

1^3 = 1 3 1/3 keines von diesen

2^{-3} = -6 1/8 -9 keines von diesen

$4^3/4^5$ = 4^8 4^{-8} 16^{-1} keines von diesen

Wenn alle Aufgaben richtig gelöst wurden, weiter nach **78** .
Bei einem oder mehreren Fehlern weiter nach **77** .

---

77 Unten befinden sich die Lösungen zu Aufgabe **76**. Wenn Sie sie nicht verstehen, kehren Sie noch einmal zu **75** zurück.

3^2 = 3 x 3 = 9
1^3 = 1 x 1 x 1 = 1 ($1^m = 1$ für beliebiges m)
2^{-3} = $1/2^3 = 1/8$
$4^3/4^5$ = $4^{(3-5)} = 4^{-2} = 1/16 = 16^{-1}$

Und nun versuchen Sie, diese Aufgaben zu lösen:

$(3^{-3})^3$ = 1 3^{-9} 3^{-27} keines von diesen

$5^2/3^2$ = $(5/3)^2$ $(5/3)^{-1}$ 5^{-6} keines von diesen

4^3 = 12 16 2^6 keines von diesen

Überprüfen Sie Ihre Antworten und versuchen Sie, jedem Fehler nachzugehen. Dann weiter nach **78** .

|78| Einige weitere Aufgaben:

10^0 = 0 1 10

10^{-1} = −1 1 0,1

$0,00003$ = $1/3 \times 10^{-3}$ 10^{-3} 3×10^{-5}

$0,4 \times 10^{-4}$ = 4×10^{-5} 4×10^{-3} $2,5 \times 10^{-5}$

$\dfrac{3 \times 10^{-7}}{6 \times 10^{-3}}$ = $1/2 \times 10^{10}$ 5×10^4 $0,5 \times 10^{-4}$

Waren alle Antworten richtig, weiter nach |80|.
Bei mindestens einem Fehler weiter nach |79|.

|79| Die Lösungen zu den Aufgaben in |78| lauten:

10^0 = 1 ($x^0 = 1$, für alle Zahlen außer 0)
10^{-1} = $1/10 = 0,1$
$0,00003$ = $0,00001 \times 3 = 3 \times 10^{-5}$
$0,4 \times 10^{-4}$ = $(4 \times 10^{-1}) \times 10^{-4} = 4 \times 10^{-5}$
$\dfrac{3 \times 10^{-7}}{6 \times 10^{-3}}$ = $\dfrac{3}{6} \times \dfrac{10^{-7}}{10^{-3}} = \dfrac{1}{2} \times 10^{(-7+3)} = 0,5 \times 10^{-4}$

Weiter nach |80|.

Antworten |74| : keines von diesen, $a^b \times a^c$, $a^{(f-g)}$, $a^{(bc)}$

|76| : 9, 1, 1/8, 16^{-1}

|77| : 3^{-9}, $(5/3)^2$, 2^6

5. Exponenten und Logarithmen

80 Werfen wir einen kurzen Blick auf gebrochene Exponenten. Wenn $b^n = a$, dann nennt man b die n-te *Wurzel* aus a und schreibt $b = a^{1/n}$. Folglich ist $16^{1/4} =$ (die 4-te Wurzel aus 16) = 2; d. h. $2^4 = 16$. Wenn $y = a^{m/n}$, wobei m und n ganze Zahlen sind, dann ist $y = [a^{1/n}]^m$. Beispielsweise ist

$$8^{2/3} = (8^{1/3})^2 = 2^2 = 4$$

Wie lautet hier die Antwort:

$$27^{-2/3} = \quad 1/18 \quad 1/81 \quad 1/9 \quad -18 \quad \text{keines von diesen}$$

Wenn richtig, weiter nach 82 .
Wenn falsch, weiter nach 81 .

---

81 $\quad 27^{-2/3} = (27^{1/3})^{-2} = 3^{-2} = \dfrac{1}{9}$

Um dies zu überprüfen, beachte man, daß

$$(\frac{1}{9})^{-3/2} = (\frac{1}{3})^{-3} = 27.$$

Eine weitere Aufgabe:

$$16^{3/4} = \quad 12 \quad 8 \quad 6 \quad 64$$

Weiter nach 82 .

---

82 Man beantworte auch diese Fragen:

$$25^{3/2} \qquad = \quad 125 \quad 5 \quad 15 \quad \text{keines von diesen}$$

$$(0{,}00001)^{-3/5} = \quad 0{,}001 \quad 1000 \quad 10^{-15}/10^{-25}$$

$$8^{-4/3} \qquad = \quad 1/6 \quad 16 \quad 1/8 \quad 1/16$$

Waren alle Antworten richtig, weiter nach 84 .
Anderenfalls weiter nach 83 .

83 Die Lösungen zu den Aufgaben in **82** sind:

$$25^{3/2} = (25^{1/2})^3 = 5^3 = 125$$
$$[0{,}00001]^{-3/5} = [10^{-5}]^{-3/5} = 10^{15/5} = 10^3 = 1000$$
$$8^{-4/3} = [8^{-1/3}]^4 = (1/2)^4 = 1/16$$

Bei den beiden folgenden Aufgaben kreuzen Sie bitte die richtige Lösung an:

$[\frac{27}{64} \times 10^{-6}]^{1/3} =$ 3/400 $\frac{3}{16} \times 10^{-2}$ $\frac{9}{64} \times 10^{-4}$

$[49 \times 10^{-4}]^{1/4} = \sqrt{7}/10$ $(10 \times 7)^{-2}$ $\sqrt{7/1000}$

Nach Überprüfung der Lösung weiter nach **84**.

---

84 Obwohl unsere ursprüngliche Definition von a^m sich nur auf ganzzahlige Werte von m bezog, haben wir auch $(a^m)^{1/n} = a^{m/n}$ definiert, wobei sowohl m als auch n ganze Zahlen sind. Somit haben wir eine Bedeutung für a^p, wobei p entweder eine ganze Zahl oder ein Bruch (Verhältnis von ganzen Zahlen) ist. Bis jetzt wissen wir noch nicht, wie man a^p ausrechnet, wenn p eine irrationale Zahl wie beispielsweise π oder $\sqrt{2}$ ist. Wir können dieses Problem aber in der folgenden Weise umgehen: Durch einen Bruch können wir eine irrationale Zahl beliebig genau annähern. π ist z. B. näherungsweise gleich 314159/100000. Diese Zahl hat aber bereits die Form m/n, wobei m und n ganze Zahlen sind, und wir wissen, wie $a^{m/n}$ ausgerechnet wird. Infolgedessen ist $y = a^x$, mit irgendeiner reellen Zahl x, insofern ein sinnvoller Ausdruck, als wir ihn beliebig genau ausrechnen können.

Um festzustellen, ob Sie das verstanden haben, versuchen Sie, die folgende Aufgabe zu lösen:

$$a^\pi a^x / a^3 = \quad a^{\pi x/3} \quad a^{\pi + x - 3} \quad a^{3\pi x} \quad a^{(\pi + x)/3}$$

Wenn richtig, weiter nach **86**.
Wenn falsch, weiter nach **85**.

Antworten **78** : 1, 0,1, 3 x 10⁻⁵, 4 x 10⁻⁵, 0,5 x 10⁻⁴
          80 : 1/9
          81 : 8
          82 : 125, 1000, 1/16

5. Exponenten und Logarithmen

85
Die in Lernschritt 75 aufgestellten Regeln gelten hier genau so, wie wenn alle Exponenten ganze Zahlen wären:

Somit ist $a^\pi a^x / a^3 = a^{\pi + x - 3}$

Wir stellen eine weitere Aufgabe:

$$\pi^2 \times 2^\pi = \quad 1 \quad (2\pi)^{2\pi} \quad 2\pi^{(2+\pi)} \quad \text{keines von diesen}$$

Wenn richtig, weiter nach 87.
Wenn falsch, weiter nach 86.

86
$\pi^2 \times 2^\pi$ ist das Produkt aus zwei verschiedenen Zahlen mit zwei verschiedenen Exponenten. Keine unserer Regeln läßt sich darauf anwenden, und tatsächlich kann man diesen Ausdruck in keiner Weise vereinfachen.

Jetzt weiter nach 87.

87
Wenn Sie sich nicht genau an Logarithmen erinnern, weiter nach 88. Erinnern Sie sich, so prüfen Sie sich mit der folgenden Aufgabe:

Es sei x eine beliebige positive Zahl, und $\log x$ stelle den log von x zur Basis 10 dar.

Dann ist

$10^{\log x} = \ldots\ldots\ldots\ldots\ldots\ldots\ldots$

Die richtige Antwort befindet sich in 88.

|88| Die richtige Antwort auf die Aufgabe in |87| ist x. Der Logarithmus von x zur Basis 10 ist durch

$$10^{\log x} = x$$

definiert. Das besagt, daß der Logarithmus einer Zahl x die Potenz ist, zu der 10 erhoben werden muß, um die Zahl x selbst zu erhalten. Diese Definition gilt nur für $x > 0$. Wir geben zwei Beispiele:

$100 \ = 10^2$, daraus folgt $\log(100) = 2$

$0{,}001 = 10^{-3}$, daraus folgt $\log(0{,}001) = -3$

Versuchen Sie nun, die folgenden Aufgaben zu lösen:

$\log(1\,000\,000) = \quad 1\,000\,000 \quad 6 \quad 60 \quad 600$

$\log(1) \qquad\quad = \quad 0 \quad 1 \quad 10 \quad 100$

Wenn richtig, weiter nach |90|.

Wenn falsch, weiter nach |89|.

|89| $\log(1\,000\,000) \qquad = \log 10^6 = 6$

(zur Überprüfung: $10^6 = 1\,000\,000$)

$\log 1 = \log 10^0 \qquad = 0$

(zur Überprüfung: $10^0 = 1$)

Folgende Fragen sollten Sie beantworten können:

$\log(10^4/10^{-3}) = \quad 10^7 \quad 1 \quad 10 \quad 7 \quad 70$

$\log(10^n) \qquad\quad = \quad 10n \quad n \quad 10^n \quad 10/n$

$\log(10^{-n}) \qquad\; = \quad -10n \quad -n \quad -10^n \quad -10/n$

Wenn die Antworten Schwierigkeiten bereitet haben, muß der Stoff dieses Abschnitts wiederholt werden. Vergewissern Sie sich, daß diese Aufgaben verstanden sind; dann *weiter nach* |90|.

Antworten |83| : $3/400, \sqrt{7}/10$

|84| : $a^{\pi + x - 3}$

|85| : keines von diesen

5. Exponenten und Logarithmen

90 Damit Sie wissen, ob Sie mit Logarithmen umgehen können, lösen Sie die folgenden Aufgaben, in denen a und b beliebige positive Zahlen sind.

$\log(ab) = \log a \times \log b \quad \log a + \log b \quad a \times \log b$

$\log(a/b) = \log a / \log b \quad -b \times \log a \quad \log a - \log b$

$\log(a^n) = n \times \log a \quad [\log a]^n \quad [\log a] + n$

Wenn richtig, weiter nach **92** *.*
Wenn falsch, weiter nach **91** *.*

---

91 Wir können die erforderlichen Regeln ableiten, indem wir die Definition von $\log x$ und die Eigenschaften der Exponenten verwenden. Man erinnere sich, daß

$$a = 10^{\log a}, b = 10^{\log b}.$$

Somit ist

$$ab = 10^{\log a} \times 10^{\log b} = 10^{[\log a + \log b]}.$$

Bildet man auf beiden Seiten den Logarithmus und verwendet $\log(10^x) = x$, so erhält man

$$\log(ab) = \log 10^{\log a + \log b} = \log a + \log b.$$

In ähnlicher Weise sieht man

$$a/b = 10^{\log a} \, 10^{-\log b} = 10^{\log a - \log b}.$$

so daß

$$\log(a/b) = \log a - \log b.$$

Ebenso ist

$$a^n = [10^{\log a}]^n = 10^{n \log a}$$

und $\quad \log(a^n) = n \times \log a$

Weiter nach **92** *.*

| 92 | Versuchen Sie, die folgenden Aufgaben zu lösen:

wenn $\log n = -3$, $n =$ 1/3   1/300   1/1000

$10^{\log 100}$ = 10^{10} 20   100   keines von diesen

$\dfrac{\log 1000}{\log 100}$ = 3/2   1   −1   10

Wenn richtig, weiter nach | 94 |.
Wenn falsch, weiter nach | 93 |.

| 93 | $10^{\log n} = n$, daher ist für $\log n = -3$: $n = 10^{-3} = 1/1000$.
Aus demselben Grund ist

$10^{\log 100} = 100$.

$\dfrac{\log 1000}{\log 100} = \dfrac{\log(10^3)}{\log(10^2)} = \dfrac{3}{2}$.

Welche Lösungen haben die beiden folgenden Aufgaben?

$\dfrac{1}{2} \log(16)$ = 2   4   8 $\log 2$ $\log 4$

$\log[\log(10)]$ = 10   1   0   −1   −10

Weiter nach | 94 |.

| 94 | Diese Aufgabe hat ihre Tücken − die Antwort wird am besten erraten:

wenn $1 + \log(n) = n$, dann $n =$ 0   1   10 .

Wenn Sie für diese Aufgabe keine Lösung finden, können Sie dennoch sicher sein, daß die gegebene Antwort die Gleichung erfüllt.

Weiter nach | 95 |.

Antworten | 88 | : 6, 0; | 89 | : 7, n, $-n$; | 90 | : $\log a + \log b$, $\log a - \log b$, $n \times \log a$

5. Exponenten und Logarithmen

|95| In diesem Abschnitt haben wir nur Logarithmen zur Basis 10 diskutiert. Es kann aber jede positive Zahl außer 1 als Basis dienen. Wenn die Basis nicht eine 10 ist, wird sie gewöhnlich als unterer Index angegeben. Beispielsweise wird der Logarithmus 8 zur Basis 2 in der Form $\log_2 8$ geschrieben. Dieser Logarithmus hat den Wert 3, da $2^3 = 8$ ist. Wenn unsere Basis mit r bezeichnet wird, lautet die Gleichung, die $\log_r x$ definiert,

$$r^{\log_r x} = x$$

Alle Relationen, die in Lernschritt |91| dieses Abschnitts erklärt wurden, gelten für Logarithmen zu *jeder beliebigen Basis*, (wobei natürlich vorausgesetzt wird, daß für alle Logarithmen einer Gleichung dieselbe Basis verwendet wird).

Weiter nach |96|.

|96| Damit ist unser Überblick abgeschlossen. Wenn Sie mit den trigonometrischen Funktionen und Logarithmen wirklich rechnen wollen, brauchen Sie ihre numerischen Werte. Diese findet man in Tabellenform in vielen Büchern. Das *Handbook of Chemistry and Physics* (Chemical Rubber Publishing Co.) enthält beispielsweise praktische Tabellen und gibt klare Anweisungen, wie sie zu gebrauchen sind. Siehe auch K. Rottmann, *Mathematische Funktionstafeln*, BI Hochschultaschenbuch 14/14a, Bibliographisches Institut, Mannheim.

Bevor Sie mit dem Stoff fortfahren, sollen Sie zu Ihrer Orientierung noch auf einige Punkte hingewiesen werden: Das letzte Kapitel, IV, ist eine Zusammenfassung der ersten drei Kapitel; dort können Sie das Gelernte wiederholen, ohne sich noch einmal durch alle Aufgaben kämpfen zu müssen. Es wird nützlich sein, schon jetzt einen Blick auf dieses Kapitel zu werfen. Außerdem finden Sie auf S. 275ff. eine Liste von Übersichtsaufgaben und Antworten, die nach Abschnitten geordnet sind. Diese Aufgaben sind zur Übung gedacht und sollen Ihnen größere Sicherheit geben.

Wenn fertig, weiter nach Kapitel II.

Antworten 92 : 1/1000, 100, 3/2
93 : log 4, 0
94 : 1

Kapitel II

Differentialrechnung

Abschnitt 1. Grenzwerte

|97| Bevor wir die Differentialrechnung in Angriff nehmen, müssen wir uns kurz mit den Grenzwerten beschäftigen. Der Begriff eines Grenzwerts kann für Sie durchaus neu sein, doch gehört er zu den wesentlichen Bestandteilen der Analysis, und Sie sollten besonders bedacht darauf sein, daß Sie den Stoff dieses Abschnitts verstanden haben, ehe Sie weitergehen. Wenn man erst einmal das richtige Gefühl dafür hat, was mit einem Grenzwert gemeint ist, wird man die Ideen der Differentialrechnung sehr bald begreifen.

Grenzwerte sind in der Differential- und Integralrechnung so wichtig, daß wir sie auf zweierlei Weise betrachten. Zunächst werden wir die Grenzwerte von einem ungenauen intuitiven Standpunkt aus diskutieren. Wenn wir dann mit dem Begriff vertraut geworden sind, stellen wir eine genaue mathematische Definition eines Grenzwertes auf.

Weiter nach |98|

|98| Wir bringen jetzt etwas „mathematische Stenographie", die in diesem Abschnitt nützlich sein wird.

Angenommen, die Werte einer Variablen x liegen in einem Intervall mit den folgenden Eigenschaften:

1. Das Intervall hat seinen Mittelpunkt bei irgendeiner Zahl a.
2. Der Unterschied zwischen x und a muß kleiner als eine andere Zahl, B, sein.
3. x kann nicht den Wert a haben. (Wir werden demnächst sehen, warum wir diesen Punkt ausschließen wollen.)

Die drei Aussagen oben lassen sich folgendermaßen zusammenfassen:

$|x - a| > 0$ (Diese Aussage bedeutet, daß x nicht den Wert a haben kann.)

$|x - a| < B$ (Der Betrag der Differenz zwischen x und a ist kleiner als B.)

Diese Relationen können in einer Aussage zusammengefaßt werden:

$$0 < |x - a| < B$$

(Wenn Ihnen die hier gebrauchten Symbole nicht klar sind, vgl. |20|.)

Die Werte von x, die $0 < |x - a| < B$ erfüllen, sind in der Abbildung durch das Intervall entlang der x-Achse angezeigt.

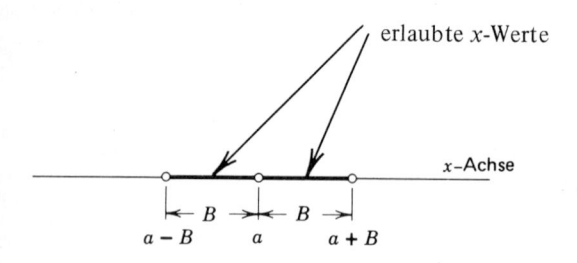

($x = a, x = a + B, x = a - B$

sind ausgeschlossen).

Weiter nach |99|.

1. Grenzwerte

99 Wir beginnen unsere Diskussion der Grenzwerte mit einem Beispiel, der Gleichung $y = f(x) = x^2$, die in der Abbildung dargestellt ist. P ist der Punkt auf der Kurve, der $x = 3$, $y = 9$ entspricht.

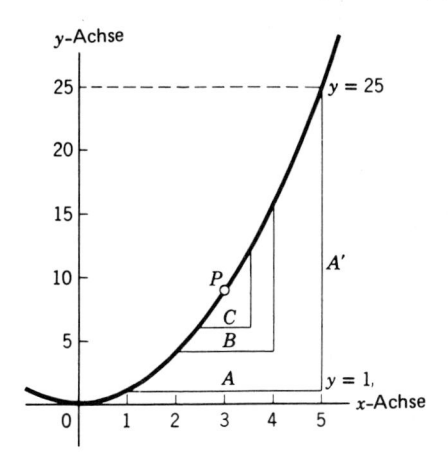

Konzentrieren wir uns auf das Verhalten von y bei x-Werten, die in einem Intervall um $x = 3$ liegen. Aus Gründen, die bald ersichtlich werden, ist es wichtig, daß wir den Punkt P ausschließen; damit wir das im Auge behalten, ist der Punkt als Kreis auf der graphischen Darstellung eingetragen.

Zunächst betrachten wir Werte von y, die x-Werten in einem Intervall um $x = 3$, und zwar zwischen $x = 1$ und $x = 5$, entsprechen. In der Bezeichnungsweise des vorherigen Lernschrittes läßt sich das in der Form $0 < |x - 3| < 2$ schreiben. In der Abbildung wird das Intervall für x durch die Linie A bezeichnet. Das entsprechende Intervall für y wird durch die Linie A' angegeben; es umfaßt die Punkte zwischen $y = 1$ und $y = 25$, ausgenommen $y = 9$.

Ein kleineres Intervall für x ist durch die Linie B dargestellt. In diesem Fall ist $0 < |x - 3| < 1$, und das entsprechende Intervall für y ist $4 < y < 16$, wobei $y = 9$ ausgenommen ist.

Das von der Linie C dargestellte Intervall für x ist durch $0 < |x - 3| < 0,5$ gegeben. Vermerken Sie das entsprechende Intervall für y auf dem Querstrich; dabei ist $y = 9$ auszuschließen.

....

Die richtige Antwort befindet sich in **100** .

| 100 | Das $0 < |x - 3| < 0{,}5$ entsprechende Intervall für y ist

$6{,}25 < y < 12{,}25$

Das läßt sich leicht überprüfen, wenn man für x die Werte 2,5 und 3,5 in $y = x^2$ einsetzt und so die y-Werte an den beiden Endpunkten erhält.

Bisher haben wir drei jeweils kleinere Intervalle von x um $x = 3$ und die entsprechenden y-Intervalle betrachtet. Angenommen, wir fahren in dieser Weise fort. Die Zeichnung rechts ist das Diagramm $y = x^2$ für x-Werte zwischen 2,9 und 3,1. (Die Zeichnung ist ein vergrößerter Ausschnitt aus dem Graphen in Lernschritt | 99 |.) Dargestellt sind drei kleine Intervalle von x um $x = 3$ und die entsprechenden Intervalle von y. Die Tabelle unten gibt die y-Werte an, die den Randwerten von x an den beiden Endpunkten des Intervalls entsprechen. (Die letzte Eintragung bezieht sich auf ein Intervall, das zu klein ist, um es abzubilden.)

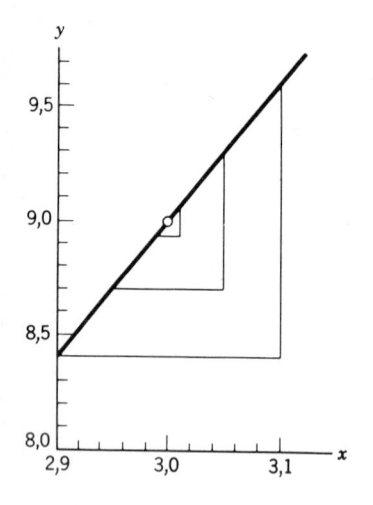

Intervall von x	Entsprechendes Intervall von y
1−5	1−25
2−4	4−16
2,5−3,5	6,25−12,25
2,9−3,1	8,41−9,61
2,95−3,05	8,70−9,30
2,99−3,01	8,94−9,06
2,999−3,001	8,994−9,006

Weiter nach | 101 |.

1. Grenzwerte

|101| Die Diskussion in den beiden letzten Lernschritten hat deutlich gemacht, daß sich die Werte für $y = x^2$ immer näher bei $y = 9$ ansammeln, wenn wir das Intervall für x um $x = 3$ schrittweise verkleinern. Offenbar können wir die Werte von y beliebig nahe um $y = 9$ konzentrieren (ansammeln), indem wir x auf ein genügend kleines Intervall um $x = 3$ begrenzen. Da das richtig ist, sagen wir, daß der *Grenzwert* von x^2 9 beträgt, wenn x sich 3 nähert; wir schreiben dann

$$\lim_{x \to 3} x^2 = 9.$$

Allgemeiner ausgedrückt lautet das:

Wenn eine Funktion $f(x)$ für x-Werte um eine festgesetzte Zahl a definiert ist und wenn x auf immer kleinere Intervalle um a beschränkt wird, so daß die Werte von $f(x)$ sich immer näher um eine spezifische Zahl L konzentrieren, dann nennt man die Zahl L den *Grenzwert* von $f(x)$, wenn x sich a nähert. Die Aussage „Der Grenzwert von $f(x)$ ist L, wenn x sich a nähert" wird gewöhnlich abgekürzt zu

$$\lim_{x \to a} f(x) = L.$$

In dem Beispiel oben ist $f(x) = x^2$, $a = 3$ und $L = 9$.

In dieser Definition ist entscheidend, daß die verwendeten Intervalle um den betreffenden Punkt a liegen, daß aber der Punkt selbst nicht inbegriffen ist. In Wirklichkeit kann $f(a)$, der Wert der Funktion in a, etwas völlig anderes als $\lim_{x \to a} f(x)$ sein; das werden wir im folgenden sehen.

Weiter nach |102|.

| 102 | Sie fragen sich vielleicht, warum wir ein offenbar einfaches Problem so umständlich diskutiert haben. Was kümmert uns $\lim_{x \to 3} x^2 = 9$, wenn für $x = 3$ deutlich $x^2 = 9$ ist?

Der Grund ist der folgende: Oft ist der Wert einer Funktion für ein bestimmtes $x = a$ nicht definiert, während der Grenzwert von x nach a sehr genau festliegt. Die Funktion $\frac{\sin \theta}{\theta}$ hat beispielsweise in $\theta = 0$ den den Wert $\frac{0}{0}$, was sinnlos ist. In | 110 | werden wir später sehen, daß

$$\lim_{\theta \to 0} \frac{\sin \theta}{\theta} = 1.$$

Zur weiteren Veranschaulichung betrachten Sie

$$f(x) = \frac{x^2 - 1}{x - 1}$$

Für $x = 1$ ist $f(x) = \frac{1 - 1}{1 - 1} = \frac{0}{0}$, was nicht definiert ist. Wir können aber durch $x - 1$ dividieren, *vorausgesetzt*, daß x nicht gleich 1 ist; dann erhalten wir

$$f(x) = \frac{x^2 - 1}{x - 1} = \frac{(x + 1)(x - 1)}{x - 1} = x + 1.$$

Daraus folgt, obwohl $f(1)$ nicht definiert ist,

$$\lim_{x \to 1} f(x) = \lim_{x \to 1} (x + 1) = 2.$$

In Anhang A2 werden die letzten beiden Schritte formal begründet; außerdem findet man dort zahlreiche Regeln für den Umgang mit Grenzwerten. Der Anhang soll aber nicht jetzt gelesen werden, es sei denn, Sie sind außerordentlich interessiert daran.

Wir wären zu dem obigen Resultat auch auf graphischem Wege gelangt, wenn wir, wie in | 99 |, die graphische Darstellung der Funktion in der Umgebung von $x = 1$ untersucht hätten.

Weiter nach | 103 |.

1. Grenzwerte

103 Um zu sehen, ob Sie mitgekommen sind, suchen Sie bitte den Grenzwert der folgenden etwas komplizierteren Funktionen, und zwar auf ähnliche Weise wie oben: (Wahrscheinlich werden Sie diese Aufgaben schriftlich ausarbeiten müssen. Beide erfordern einige algebraische Umformungen.)

a) $\lim\limits_{x \to 0} \dfrac{(1+x)^2 - 1}{x} = 1 \quad x \quad -1 \quad 2$

b) $\lim\limits_{x \to 0} \dfrac{1 - (1+x)^3}{x} = 1 \quad x \quad 3 \quad -3$

Wenn richtig, weiter nach **105**.
Anderenfalls weiter nach **104**.

---

104 Die Lösungen zu den Aufgaben in **103** lauten:

a) $\lim\limits_{x \to 0} \dfrac{(1+x)^2 - 1}{x} = \lim\limits_{x \to 0} \dfrac{(1 + 2x + x^2) - 1}{x} =$

$= \lim\limits_{x \to 0} \dfrac{2x + x^2}{x} = \lim\limits_{x \to 0} (2 + x) = \lim\limits_{x \to 0} 2 + \lim\limits_{x \to 0} x = 2$

b) $\lim\limits_{x \to 0} \dfrac{1 - (1+x)^3}{x} = \lim\limits_{x \to 0} \dfrac{1 - (1+x)(1+x)(1+x)}{x} =$

$= \lim\limits_{x \to 0} \dfrac{1 - (1 + 3x + 3x^2 + x^3)}{x} = \lim\limits_{x \to 0} (-3 - 3x - x^2) =$

$= \lim\limits_{x \to 0} (-3) + \lim\limits_{x \to 0} (-3x) + \lim\limits_{x \to 0} (-x^2) = -3$

Die Begründung der in diesen Beweisen erfolgten Schritte befindet sich ebenfalls in Anhang A2.
Weiter nach **105**.

|105| Bisher haben wir Grenzwerte nur informell und intuitiv diskutiert und dabei Ausdrücke wie „auf ein immer kleineres Intervall beschränkt" und „sich dichter und dichter ansammelnd" verwendet. Diese Ausdrücke vermitteln zwar die intuitive Bedeutung eines Grenzwertes, aber es handelt sich um keine genauen mathematischen Aussagen. Jetzt sind wir auf eine genaue Definition eines Grenzwertes vorbereitet. (Da es nahezu grundsätzlich üblich ist, verwenden wir in der Definition eines Grenzwertes die griechischen Buchstaben δ (Delta) und ϵ (Epsilon).) Es folgt die

Definition eines Grenzwertes.

$f(x)$ sei für alle x in einem Intervall um $x = a$ definiert, aber nicht notwendigerweise in $x = a$. Wenn eine Zahl L existiert derart, daß jeder positiven Zahl ϵ eine positive Zahl δ entspricht gemäß

$$|f(x) - L| < \epsilon \text{ vorausgesetzt, daß } 0 < |x - a| < \delta$$

so sagen wir, daß L der Grenzwert von $f(x)$ ist, wenn x sich a nähert; wir schreiben dann

$$\lim_{x \to a} f(x) = L.$$

Weiter nach |106|.

Antworten |103| : 2, − 3.

1. Grenzwerte

106 Mit der formalen Definition eines Grenzwertes in **105** haben wir einen Grundsatz, der die Streitfrage entscheidet, ob ein Grenzwert existiert und gleich L ist. Angenommen, wir behaupten, daß $\lim_{x \to a} f(x) = L$, und ein Gegner ist anderer Meinung. Als ersten Schritt legen wir ihm nahe, eine beliebig kleine positive Zahl ϵ zu wählen, z. B. 0,001, oder auch 1000^{-1000}, wenn er sehr anspruchsvoll ist. Es ist dann unsere Aufgabe, eine andere Zahl, δ, zu finden, mit der für alle x im Intervall $0 < |x - a| < \delta$ die Differenz zwischen $f(x)$ und L kleiner als ϵ ist. Wenn das immer möglich ist, haben wir gewonnen – der Grenzwert existiert und ist gleich L. Diese Schritte sind für eine bestimmte Funktion in den Abbildungen unten dargestellt.

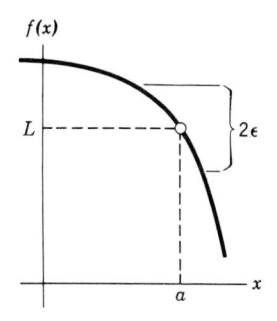

Unser Gegner verlangt, daß wir ein δ finden, das diesem ϵ entspricht.

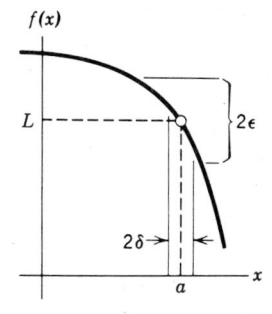

Dies ist eine Möglichkeit eines δ. Es ist offensichtlich, daß $f(x)$ für alle x-Werte im abgebildeten Intervall die Bedingung $|f(x) - L| < \epsilon$ erfüllt.

Möglicherweise findet unser Gegner ein ϵ, für das wir niemals ein noch so kleines δ finden können, das unsere Anforderung erfüllen würde. In diesem Fall ist er der Sieger, und $f(x)$ hat keinen Grenzwert L. (In **114** werden wir dem Beispiel einer Funktion begegnen, die keinen Grenzwert hat.)

Unsere formale Definition eines Grenzwertes ist offensichtlich genauer als der Ausdruck in **101**; letzterer lautet: „wenn x auf immer kleinere Intervalle um a beschränkt wird, sammeln sich die Werte von $f(x)$ dichter und dichter um L an".

Weiter nach **107**.

|107| In den bisher untersuchten Beispielen wurde die Funktion durch eine einzige Gleichung ausgedrückt. Das muß aber nicht immer der Fall sein; wir zeigen das am folgenden Beispiel:

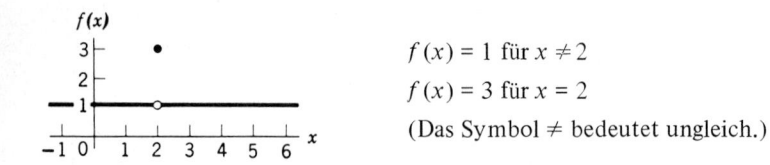

$f(x) = 1$ für $x \neq 2$

$f(x) = 3$ für $x = 2$

(Das Symbol $\neq$ bedeutet ungleich.)

Die Abbildung will einen Eindruck dieser besonderen Funktion vermitteln. Sie soll den Leser überzeugen, daß $\lim_{x \to 2} f(x) = 1$, während $f(2) = 3$.

Für weitere Erklärungen hierzu weiter nach |108|.

Sonst weiter nach |109|.

|108| Für jeden Wert von x, ausgenommen $x = 2$, ist der Wert von $f(x) = 1$. Infolgedessen ist für alle x, ausgenommen $x = 2$, $f(x) - 1 = 0$. Da 0 kleiner als die kleinste positive Zahl ist, die der Gegner wählen könnte, folgt gemäß der Definition eines Grenzwertes, daß $\lim_{x \to 2} f(x) = 1$, obwohl $f(2) = 3$.

Weiter nach |109|.

1. Grenzwerte

109 Die folgende Funktion hat einen genau definierten Grenzwert; sie kann aber im Grenzpunkt nicht berechnet werden: Man betrachte $f(x) = (1 + x)^{1/x}$. Der Wert von $f(x)$ in $x = 0$ ist einigermaßen verwirrend. Trotzdem ist es möglich, $\lim_{x \to 0} (1 + x)^{1/x}$ zu finden.

Später werden wir sehen, wie man diesen Grenzwert numerisch findet. Sein Wert stellt sich als 2,718... heraus. Diese Größe spielt bei unserer Untersuchung der Logarithmen eine wichtige Rolle; sie wird durch das Symbol e dargestellt. e ist, wie π, irrational; es handelt sich somit um eine endlose, sich nicht wiederholende Dezimalzahl.

Wie man e berechnet, wird in Anhang A8 diskutiert. Der neugierige Leser kann gleich jetzt nachschlagen.

Weiter nach **110**.

110 Der eigentliche Vorgang zum Auffinden eines Grenzwertes ist von Aufgabe zu Aufgabe verschieden. Anhang A2 enthält mehrere Theoreme, nach denen man die Grenzwerte einfacher Funktionen finden kann; sie sind für den daran interessierten Leser bestimmt. Das früher angeführte Resultat

$$\lim_{\theta \to 0} \frac{\sin \theta}{\theta} = 1$$

wird in Anhang A3 bewiesen. (Der Grenzwert beträgt nur dann 1, wenn θ in Radiant gemessen wird.)

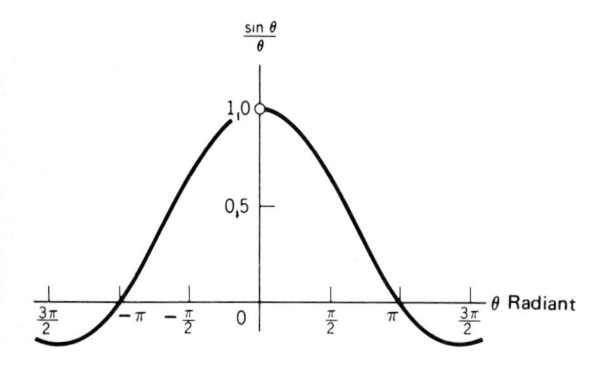

Daß dieses Resultat vernünftig ist, können Sie sehen, wenn Sie die Funktion $\frac{\sin \theta}{\theta}$ wie in der Abbildung oben graphisch darstellen. Mit Hilfe von trigonometrischen Tabellen können wir das leicht ausführen, wobei wir natürlich $\theta = 0$ ausschließen. Aus der Abbildung geht hervor, daß offensichtlich

$$\lim_{\theta \to 0} \frac{\sin \theta}{\theta} = 1.$$

Weiter nach **111**.

111 Bisher waren wir in unserer Diskussion der Grenzwerte sorgsam darauf bedacht, den eigentlichen Wert von $f(x)$ im kritischen Punkt a außer acht zu lassen. In Wirklichkeit braucht $f(a)$ nicht einmal *definiert* zu sein, damit der Grenzwert existiert. Aber $f(a)$ ist häufig definiert. Wenn das der Fall ist und wenn außerdem

$$\lim_{x \to a} f(x) = f(a),$$

dann sagt man von der Funktion, daß sie in *a stetig* ist. Um dies zusammenzufassen, ergänzen Sie bitte nachstehend:

Eine Funktion f ist in $x = a$ stetig, wenn

1. $f(a)$ ....
2. $\lim_{x \to a} f(x) =$ ....

Überprüfen Sie die Antworten in **112**.

| 112 | Die richtigen Antworten lauten: Eine Funktion f ist in $x = a$ stetig, wenn

1. $f(a)$ *definiert* ist.
2. $\lim_{x \to a} f(x) = f(a)$.

Man kann jederzeit den Graphen einer stetigen Funktion zeichnen, ohne daß man dabei den Bleistift im fraglichen Bereich vom Papier abhebt. Versuchen Sie zu bestimmen, ob die folgenden Funktionen im jeweils angegebenen Punkt stetig sind.

$$1.\ f(x) = \frac{x^2 + 3}{9 - x^2}.$$

In $x = 3$ ist $f(x)$ stetig   unstetig

$$2.\ f(x) = \begin{cases} 1, x \geqslant 0 \\ 0, x < 0 \end{cases}$$

In $x = 1$ ist $f(x)$ stetig   unstetig

$$3.\ f(x) = |x|.$$

In $x = 0$ ist $f(x)$ stetig   unstetig

4. Die in Lernschritt | 107 | beschriebene Funktion $f(x)$.

In $x = 2$ ist $f(x)$ stetig   unstetig

Waren alle Antworten auf diese Fragen richtig, weiter nach | 114 |.
Wurde ein Fehler gemacht, oder wünschen Sie weitere Erklärungen, weiter nach | 113 |.

1. Grenzwerte

113 Die Erklärungen zu den Aufgaben in **112** sind wie folgt:

1. In $x = 3$ ist $f(x) = \dfrac{x^2 + 3}{9 - x^2} = \dfrac{12}{0}$. Dieser Ausdruck ist undefiniert, und folglich ist die Funktion in $x = 3$ unstetig.

2. Wir zeigen ein Diagramm der gegebenen Funktion:

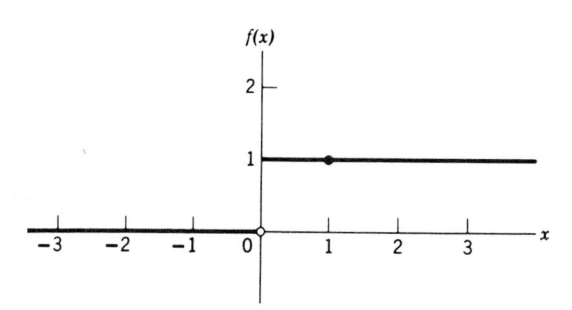

Diese Funktion erfüllt in $x = 1$ beide Bedingungen der Stetigkeit, somit ist sie in diesem Punkt stetig. (In $x = 0$ ist sie jedoch unstetig.)

3. Die nachstehende Abbildung ist die graphische Darstellung von $f(x) = |x|$. Diese Funktion ist in $x = 0$ stetig, da sie alle formalen Bedingungen erfüllt.

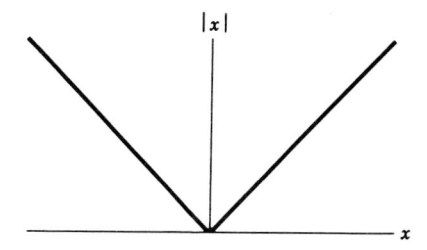

4. Für die in **107** beschriebene Funktion hat $f(x)$ in $x = 2$ den Wert 3, während $\lim\limits_{x \to 2} f(x) = 1$ ist. Da der Wert der Funktion und ihres Grenzwertes in diesem Punkt verschieden ist, ist sie in diesem Punkt unstetig.

Weiter nach **114**.

114 Ehe wir das Thema der Grenzwerte abschließen, wollen wir noch kurz einige Beispiele von Funktionen betrachten, die an irgendeiner Stelle keinen Grenzwert haben. Eine solche Funktion wurde in Aufgabe 2, Lernschritt |113| beschrieben.

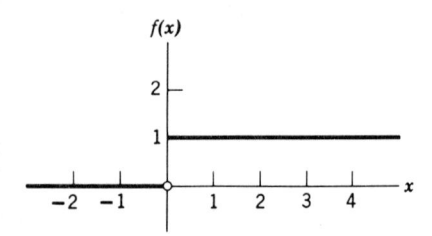

Die Abbildung zeigt die graphische Darstellung der Funktion. Indem wir dem in der Grenzwertdefinition beschriebenen Vorgang folgen, können wir zeigen, daß diese Funktion in $x = 0$ keinen Grenzwert hat.

Zur Veranschaulichung sei angenommen, daß wir $\lim_{x \to 0} f(x) = 1$ erraten.

Als nächstes wählt unser Gegner einen Wert für ϵ, sagen wir $1/4$. Dann ist für $|x - 0| < \delta$, wenn δ *irgendeine* positive Zahl ist,

$$|f(x) - 1| = \begin{cases} |1 - 1| = 0 \text{ wenn } x > 0 \\ |0 - 1| = 1 \text{ wenn } x < 0 \end{cases}$$

Folglich gilt für alle negativen x-Werte im Intervall: $|f(x) - 1| = 1$, was größer als $\epsilon = 1/4$ ist. 1 ist daher nicht der Grenzwert. Der Leser muß sich überzeugen können, daß es *keine* das Kriterium befriedigende Zahl L gibt, da sich $f(x)$ um 1 ändert, wenn x von den negativen zu den positiven Werten übergeht.

Weiter nach |115|.

Antworten |112| : unstetig, stetig, stetig, unstetig

1. Grenzwerte

|115| Ein weiteres Beispiel einer Funktion, die in einem Punkt keinen Grenzwert hat: Aus der Abbildung unten geht hervor, daß $\cot \theta$ keinen Grenzwert hat, wenn $\theta \to 0$. Hier sammelt sich der Funktionswert nicht immer näher bei irgendeiner Zahl L an, sondern er wird immer größer, wenn $\theta \to 0$ in der mit A bezeichneten Richtung, und immer kleiner (negativ größer), wenn $\theta \to 0$ in der mit B bezeichneten Richtung.

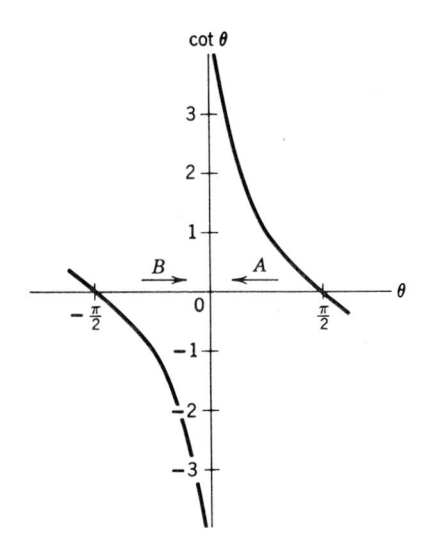

Hiermit ist unsere Untersuchung des Grenzwertes einer Funktion zunächst abgeschlossen. Zur weiteren Übung im Umgang mit Grenzwerten dienen die Übungsaufgaben 21 bis 28, S. 276.

Wir können nun zum nächsten Abschnitt weitergehen.

Weiter nach |116|.

Abschnitt 2. Geschwindigkeit

116 Im vorangegangenen Abschnitt sind wir etwas abstrakt geworden; bevor wir uns aber mit der Differentialrechnung beschäftigen, wollen wir über ein etwas naheliegenderes Thema sprechen, beispielsweise über die Bewegung. In Wirklichkeit haben Leibniz und Newton die Analysis entdeckt, weil sie sich mit Fragen der Bewegung auseinandersetzten. Unser Ausgangspunkt ist also nicht schlecht gewählt, außerdem ist Ihnen das Thema sicher nicht unbekannt.

Weiter nach 117.

---

117 An den Anfang stellen wir eine Aufgabe, die Sie beantworten können sollten. Bei dieser und auch allen anderen Aufgaben in diesem Kapitel verläuft die Bewegung entlang einer Geraden.

Ein Zug fährt mit einer Geschwindigkeit v [km/h] (Kilometer pro Stunde) von uns ab. Bei $t = 0$ befindet er sich in einer Entfernung S_0 von uns. (Der untere Index in S_0 soll Verwechslung vermeiden. S_0 bezeichnet eine bestimmte Entfernung und ist eine Konstante; S ist eine Variable.) Man stelle die Gleichung der Entfernung S zwischen dem Zug und uns in Termen der Zeit t auf. (Die Einheit von t soll die Stunde sein.)

$S = \ldots\ldots\ldots\ldots\ldots\ldots\ldots\ldots\ldots\ldots\ldots\ldots\ldots\ldots\ldots$

Das Ergebnis befindet sich in 118.

---

118 Mit der Gleichung $S = S_0 + vt$ haben Sie das richtige Ergebnis gefunden; weiter nach 119.

Falls Ihr Ergebnis von dem obigen abweicht, müssen Sie sich von der Richtigkeit unserer Gleichung überzeugen. Man beachte, daß sie, wie gefordert, $S = S_0$ ergibt, wenn $t = 0$. Es handelt sich hier um die Gleichung einer Geraden; vielleicht wäre es gut, wenn Sie den Abschnitt über lineare Funktionen, Abschnitt 3, Kap. I, S. 15 wiederholten, <u>bevor</u> Sie weitergehen. Wenn Sie unsere Lösung verstehen, weiter nach 119.

119

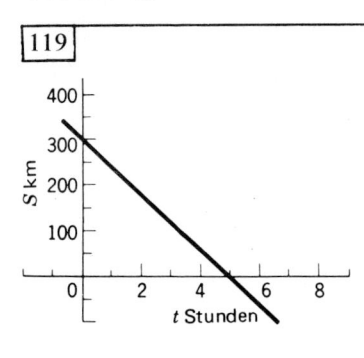

Das Diagramm zeigt die Punkte, an denen sich ein Zug zu verschiedenen Zeiten befindet, wenn er eine gerade Strecke fährt. Offensichtlich stellt es eine lineare Gleichung dar. Man stelle die Gleichung für die Position (den Ort) des Zuges [km] als Funktion der Zeit [h] auf.

$S = $ ....

Mit Hilfe der Gleichung ist die Geschwindigkeit des Zuges anzugeben.

$v = $ ....

Die richtigen Antworten befinden sich in 120.

120

Die Antworten auf die Fragen in 119 lauten:

$S = -60t + 300$ $\qquad v = -60$ km/h

Die Geschwindigkeit ist negativ, weil S mit wachsender Zeit abnimmt. Wenn Sie sich hiermit genauer auseinandersetzen wollen, wiederholen Sie bitte die Lernschritte 33 und 34.

Weiter nach 121.

121

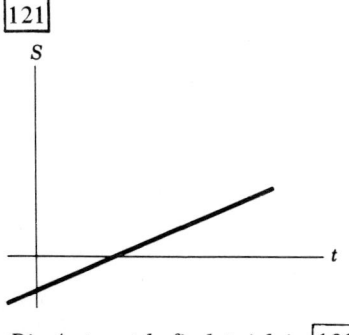

Die Abbildung zeigt ein anderes Positionsdiagramm eines Zuges, der eine gerade Strecke fährt.

Die Eigenschaft der Geraden, die *Geschwindigkeit* des Zuges darstellt, ist die .... der Geraden.

Die Antwort befindet sich in 122.

122

Die Eigenschaft der Geraden, die die Geschwindigkeit des Zuges darstellt, ist die *Steigung* der Geraden.

Wenn Sie das geschrieben haben, weiter nach 123.

Wenn Sie etwas anderes oder gar nichts geschrieben haben, dann haben Sie das in Kap. I, Abschn. 3, Besprochene vergessen. Wiederholen Sie bitte diesen Abschnitt (insbesondere Lernschritt 33 und 34) und versuchen Sie, den Stoff zu verstehen, ehe Sie weitergehen. Zumindest müssen Sie einsehen, daß die Steigung wirklich die Geschwindigkeit darstellt.

Weiter nach 123.

123

In der Abbildung werden die Diagramme: Ort (Position) gegen Zeit von sechs verschiedenen, entlang einer geraden Linie fahrenden Gegenständen gezeigt. Welches Diagramm entspricht dem Gegenstand, der

sich am schnellsten vorwärts bewegt?   *a*   *b*   *c*   *d*   *e*   *f*

sich am schnellsten rückwärts bewegt?   *a*   *b*   *c*   *d*   *e*   *f*

sich im Ruhezustand befindet?   *a*   *b*   *c*   *d*   *e*   *f*

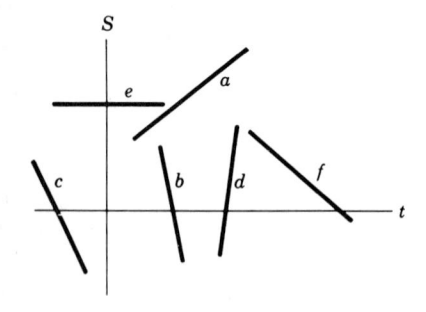

Waren alle Antworten richtig, weiter nach 125.
War eine Antwort falsch, weiter nach 124.

|124| Die Geschwindigkeit des Gegenstandes ist durch die Steigung gegeben, die das Diagramm seiner Entfernung gegen die Zeit aufweist. Es darf nicht die Steigung einer Geraden mit ihrer Lage verwechselt werden.

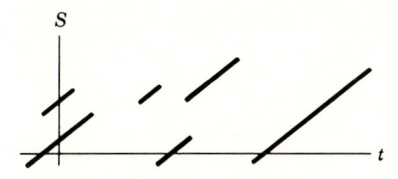

Alle oben abgebildeten Geraden haben dieselbe Steigung.

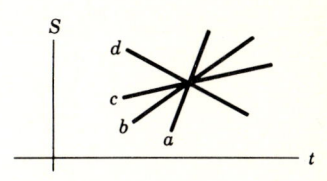

Jede dieser Geraden hat eine andere Steigung.

Eine positive Steigung bedeutet, daß die Entfernung mit der Zeit zunimmt; das entspricht einer positiven Geschwindigkeit. Entsprechend bedeutet eine negative Steigung, daß die Entfernung mit der Zeit abnimmt und die Geschwindigkeit daher negativ ist. Wenn Sie sich noch einmal mit dem Begriff der Steigung beschäftigen wollen, vgl. |25| – |27|.

Sie sollten nun folgende Fragen beantworten können:

Welche Gerade in der rechten Abbildung hat

eine negative Steigung?   *a*   *b*   *c*   *d*

die größte positive Steigung? *a*   *b*   *c*   *d*

Weiter nach |125|.

125

Bisher waren alle betrachteten Geschwindigkeiten zeitlich konstant. Was aber, wenn die Geschwindigkeit sich ändert?

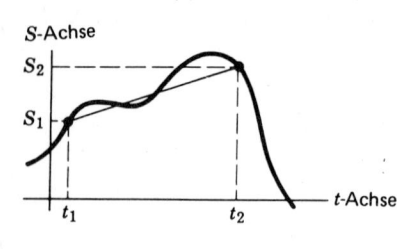

Die Abbildung zeigt das Positionsdiagramm eines Autos, das mit unterschiedlicher Geschwindigkeit eine gerade Strecke fährt. Um diese Bewegung zu beschreiben, führen wir den Begriff der *Durchschnittsgeschwindigkeit* $\bar{v}$ ein (zu lesen „$\bar{v}$ quer"); sie ist das Verhältnis der zurückgelegten reinen Entfernung zur benötigten Zeit. Wenn beispielsweise das Auto zwischen den Zeiten t_1 und t_2 eine reine Entfernung $S_2 - S_1$ zurücklegte, dann war $(S_2 - S_1)/(t_2 - t_1)$ seine

.... in dieser Zeit.

Weiter nach 126.

126

Die Antwort auf Lernschritt 125 lautet:

$(S_2 - S_1)/(t_2 - t_1)$ war seine *Durchschnittsgeschwindigkeit* in dieser Zeit. (Das bloße Wort „Geschwindigkeit" ist nicht die richtige Antwort.)

Weiter nach 127.

127

Wir haben die Durchschnittsgeschwindigkeit $\bar{v}$ algebraisch als

$$\bar{v} = \frac{S_2 - S_1}{t_2 - t_1}$$

definiert; außerdem können wir sie auch graphisch interpretieren.

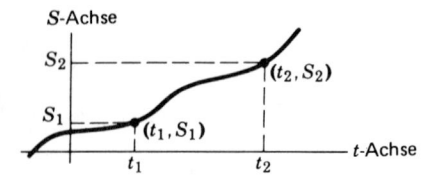

Wenn wir zwischen den Punkten (t_1, S_1) und (t_2, S_2) eine gerade Linie ziehen, so ist die *Steigung* dieser Linie die Durchschnittsgeschwindigkeit.

Weiter nach 128.

Antworten 123 : *d, b, e*
124 : *d, a*

128

In welchem Intervall war die Durchschnittsgeschwindigkeit

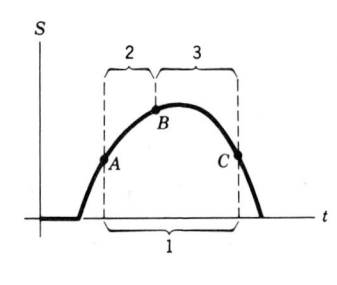

0 am nächsten? 1 2 3

nach vorwärts am größten? 1 2 3

nach rückwärts am größten? 1 2 3

Wenn richtig, weiter nach 130.
Wenn falsch, weiter nach 129.

129
Da Sie die oben gestellte Aufgabe nicht verstanden haben, wollen wir sie genauer analysieren.

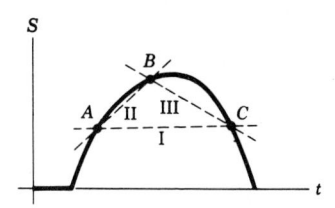

Die Abbildung zeigt Geraden, die durch die Punkte A, B und C gezeichnet sind. Gerade I hat eine sehr kleine Steigung und entspricht einer Geschwindigkeit von nahezu Null. Gerade II hat eine positive, Gerade III eine negative Steigung, die der positiven bzw. negativen Durchschnittsgeschwindigkeit entsprechen.

Weiter nach 130.

130
Wir erweitern nun unseren Begriff der Geschwindigkeit um einen entscheidenden Faktor: bisher haben wir gefragt, „wie ist die Durchschnittsgeschwindigkeit zwischen den Zeiten t_1 und t_2". Fragen wir jetzt, „wie ist die Geschwindigkeit zur Zeit t_1"! Die Geschwindigkeit zu einem bestimmten Zeitpunkt heißt die *Momentangeschwindigkeit*. Wir begegnen hier einem neuen Ausdruck, den wir im folgenden genau definieren werden, obwohl er Ihnen in etwa schon bekannt sein müßte.

Weiter nach 131.

131 Wir können den Begriff der Momentangeschwindigkeit graphisch veranschaulichen. Die Durchschnittsgeschwindigkeit ist die Steigung einer Geraden, die zwei Punkte auf einer Kurve (t_1, S_1) und (t_2, S_2) miteinander verbindet. Wenn wir die Momentangeschwindigkeit suchen, soll t_2 möglichst nahe bei t_1 liegen. Indem wir auf der Kurve Punkt B einem Punkt A nähern (d. h. indem wir von t_1 ausgehend immer kürzer werdende Zeitintervalle betrachten), nähert sich die Steigung der A und B verbindenden Geraden der Steigung der mit *l* bezeichneten Geraden. Die Momentangeschwindigkeit ist dann die *Steigung* der Geraden *l*. Gewissermaßen hat die Gerade *l* dieselbe Steigung wie die Kurve im Punkt A. Man nennt die Gerade *l* die *Tangente* an die Kurve.

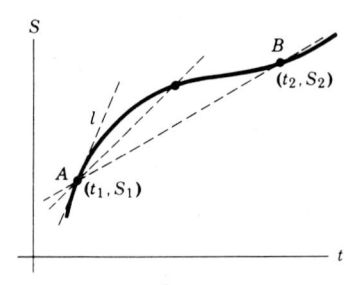

Weiter nach **132**.

---

132 An dieser Stelle wird der Begriff eines Grenzwertes ausschlaggebend. Wenn wir durch den gegebenen Punkt A auf der Kurve und einen weiteren Punkt B auf der Kurve eine Gerade zeichnen und dann B immer näher an A rücken, so nähert sich die Steigung der Geraden einem bestimmten Wert und kann mit der *Steigung* der Kurve in A identifiziert werden. Unsere Aufgabe ist es jetzt, den *Grenzwert* zu betrachten, den die Steigung der Geraden durch A und B hat, wenn $B \to A$.

Jetzt weiter nach **133**.

Antworten **128** : 1, 2, 3

2. Geschwindigkeit

133 Wir wollen nun unserer intuitiven Vostellung von der Momentangeschwindigkeit einen präzisen Sinn geben; wir gehen von der Steigung einer Kurve in einem Punkt aus und betrachten zunächst die Durchschnittsgeschwindigkeit:

$\bar{v} = (S_2 - S_1)/(t_2 - t_1)$ = der Steigung der Geraden, die die Punkte 1 und 2 miteinander verbindet.

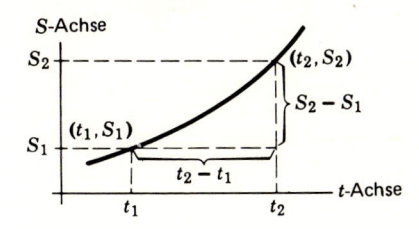

[Diagramm: S-Achse mit Punkten (t_1, S_1) und (t_2, S_2), Differenzen $t_2 - t_1$ und $S_2 - S_1$, t-Achse]

Wenn $t_2 \to t_1$, nähert sich die Durchschnittsgeschwindigkeit der Momentangeschwindigkeit; d. h. $\bar{v} \to v$, wenn $t_2 \to t_1$ oder

$$v = \lim_{t_2 \to t_1} \frac{S_2 - S_1}{t_2 - t_1}$$

Weiter nach **134**.

---

134 Da die in den vorausgegangenen Lernschritten diskutierten Begriffe sehr wichtig sind, wollen wir sie zusammenfassen:

Wenn sich ein Punkt in der Zeit zwischen t_1 und t_2 von S_1 nach S_2 bewegt, dann ist $(S_2 - S_1)/(t_2 - t_1)$ die .... $\bar{v}$.

Wenn wir den Grenzwert der Durchschnittsgeschwindigkeit betrachten, während die mittlere Zeit sich Null nähert, dann nennt man das Ergebnis die .... v.

Versuchen wir nun, diese Begriffe genauer zu formulieren! Setzen Sie eine formale Definition von v ein:

$v = $ ....

Die Antworten befinden sich in **135**.

|135| Die in Lernschritt |134| einzutragenden Antworten sind:

Wenn sich ein Punkt in der Zeit zwischen t_1 und t_2 von S_1 nach S_2 bewegt, dann ist $(S_2 - S_1)/(t_2 - t_1)$ die *Durchschnittsgeschwindigkeit* $\overline{v}$.

Wenn wir den Grenzwert der Durchschnittsgeschwindigkeit betrachten, während die mittlere Zeit sich Null nähert, dann nennt man das Ergebnis die *Momentangeschwindigkeit* v.

$$v = \lim_{t_2 \to t_1} \frac{S_2 - S_1}{t_2 - t_1}$$

Ein Lob dem Leser, der das geschrieben hat! Weiter nach |136|.

Falls Sie etwas anderes geschrieben haben, beginnen Sie noch einmal bei Lernschritt |133| und arbeiten Sie sich bis hierher vor.

Dann weiter nach |136|.

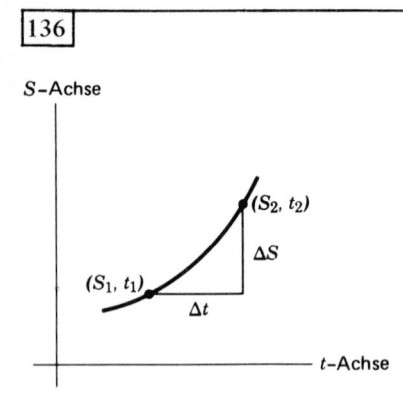

|136|

Um die Bezeichnungsweise kürzer zu fassen, sei $S_2 = S_1 + \Delta S$, $t_2 = t_1 + \Delta t$. Wörtlich heißt das, der Punkt bewegt sich über die Entfernung ΔS in einer Zeit Δt. (ΔS ist ein einzelnes Symbol, zu lesen als „Delta S"; es bedeutet nicht Δ mal S.) Auch wenn diese Bezeichnungsweise neu ist, soll man sich daran gewöhnen, da sie viel Schreibarbeit erspart. Wenn also $S_2 = S_1 + \Delta S$, dann ist laut Definition $\Delta S = S_2 - S_1$. Ähnlich ist $\Delta t = t_2 - t_1$. Allgemein ist $\Delta x = x_2 - x_1$, wobei x irgendeine Variable ist und x_2 und x_1 zwei beliebige gegebene Werte von x sind. Für $y = f(x)$ gilt dann in entsprechender Weise, daß

$$\Delta y = y_2 - y_1 = f(x_2) - f(x_1) = f(x_1 + \Delta x) - f(x_1).$$

In dieser Bezeichnungsweise lautet unsere Definition der Momentangeschwindigkeit $v = \ldots\ldots\ldots\ldots\ldots\ldots\ldots\ldots\ldots\ldots\ldots\ldots\ldots\ldots$

Die richtige Antwort befindet sich in |137|.

2. Geschwindigkeit

137 Wenn Sie

$$v = \lim_{\Delta t \to 0} \frac{\Delta S}{\Delta t},$$

geschrieben haben, so haben Sie wirklich folgen können. Weiter nach **138**.

Wenn Sie diese Antwort nicht gefunden haben, wiederholen Sie **134** – **136**. Erst dann *weiter nach* **138**.

---

138 Als nächstes wenden wir den Begriff der Momentangeschwindigkeit an, indem wir ein Beispiel Schritt für Schritt analysieren. Später werden wir dafür einen kürzeren Weg finden.

Gegeben sei der folgende Ausdruck, der Ort und Zeit in Beziehung zueinander setzt:

$$S = f(t) = kt^2 \quad (k \text{ ist eine Konstante})$$

Die folgenden Schritte dienen zur Berechnung von v:

$$f(t + \Delta t) = k[t + \Delta t]^2 = k[t^2 + 2t\Delta t + (\Delta t)^2]$$
$$\Delta S = f(t + \Delta t) - f(t) = k[t^2 + 2t\Delta t + (\Delta t)^2] - kt^2$$
$$= k[2t\Delta t + (\Delta t)^2]$$
$$\frac{\Delta S}{\Delta t} = \frac{k[2t\Delta t + (\Delta t)^2]}{\Delta t} = 2kt + k\Delta t$$
$$v = \lim_{\Delta t \to 0} \frac{\Delta S}{\Delta t} = \lim_{\Delta t \to 0} [2kt + k\Delta t] = 2kt.$$

Zur Übung finden Sie eine einfachere Aufgabe in **139**.

139

Angenommen, es sei $S = f(t) = v_0 t + S_0$ gegeben. Unsere Aufgabe besteht darin, die Momentangeschwindigkeit gemäß unserer Definition zu finden.

Während der Zeit Δt bewegt sich der Punkt über die Entfernung ΔS.

$\Delta S = \dots\dots\dots\dots\dots\dots\dots\dots\dots\dots\dots\dots$

$v = \lim\limits_{\Delta t \to 0} \dfrac{\Delta S}{\Delta t} = \dots\dots\dots\dots\dots\dots\dots\dots\dots$

Setzen Sie die Antworten ein, und gehen Sie dann weiter nach 140.

140

Haben Sie als Antwort

$\Delta S = v_0 \Delta t$

und

$v = \lim\limits_{\Delta t \to 0} \dfrac{\Delta S}{\Delta t} = v_0,$

richtig eingesetzt, *weiter nach* 142.

Bei abweichenden Antworten setzen Sie sich bitte mit den Erklärungen in Lernschritt 141 auseinander.

141

Wir zeigen die richtige Entwicklung. Da $S = f(t) = v_0 t + S_0$, ist

$\Delta S = f(t + \Delta t) - f(t)$

$ = v_0 [t + \Delta t] + S_0 - [v_0 t + S_0]$

$ = v_0 \Delta t$

$\lim\limits_{\Delta t \to 0} \dfrac{\Delta S}{\Delta t} = \lim\limits_{\Delta t \to 0} \dfrac{v_0 \Delta t}{\Delta t} = \lim\limits_{\Delta t \to 0} v_0 = v_0$

In diesem Fall sind Momentan- und Durchschnittsgeschwindigkeit gleich, da die Geschwindigkeit v_0 eine Konstante ist.

Weiter nach 142.

2. Geschwindigkeit

142 Folgende Aufgabe sollten Sie jetzt durcharbeiten: Angenommen, es sei der Ort eines Gegenstandes durch

$$S = f(t) = kt^2 + lt + S_0$$

gegeben, wobei k, l und S_0 Konstanten sind. v ist zu bestimmen.

$$v = \lim_{\Delta t \to 0} \frac{\Delta S}{\Delta t} = \dots\dots\dots\dots\dots\dots\dots\dots\dots\dots\dots\dots \,.$$

Zur Kontrolle der Antwort weiter nach **143** .

---

143 Die Antwort lautet

$$v = 2kt + l.$$

Haben Sie dieses Ergebnis gefunden, weiter zum nächsten Abschnitt, der bei Lernschritt **146** beginnt.

Anderenfalls *weiter nach* **144** .

|144| Die Aufgabe in |142| ist folgendermaßen zu lösen:

$$f(t) = kt^2 + lt + S_0$$
$$f(t + \Delta t) = k[t + \Delta t]^2 + l[t + \Delta t] + S_0$$
$$= k[t^2 + 2t\Delta t + (\Delta t)^2] + l[t + \Delta t] + S_0$$
$$\Delta S = f(t + \Delta t) - f(t) = k[2t\Delta t + (\Delta t)^2] + l\Delta t$$
$$v = \lim_{\Delta t \to 0} \frac{\Delta S}{\Delta t} = \lim_{\Delta t \to 0} \left\{ \frac{k[2t\Delta t + (\Delta t)^2] + l\Delta t}{\Delta t} \right\}$$
$$= \lim_{\Delta t \to 0} \left\{ k[2t + \Delta t] + l \right\} = 2kt + l$$

Und nun diese Aufgabe:

Sei $S = At^3$, wobei A eine Konstante ist. Suchen Sie v.

Antwort: ....

Zur Kontrolle der Lösung weiter nach |145|.

|145| Die Antwort lautet $v = 3At^2$. Wenn Sie die genaue Entwicklung interessiert, sollten Sie weiterlesen. Sonst weiter nach |146|.

$$S = At^3$$
$$\Delta S = A[t + \Delta t]^3 - At^3$$
$$= A[t^3 + 3t^2\Delta t + 3t(\Delta t)^2 + (\Delta t)^3] - At^3$$
$$= 3At^2\Delta t + 3At(\Delta t)^2 + A(\Delta t)^3$$
$$v = \lim_{\Delta t \to 0} \frac{\Delta S}{\Delta t} = \lim_{\Delta t \to 0} [3At^2 + 3At\Delta t + A(\Delta t)^2] = 3At^2.$$

Weiter zum nächsten Abschnitt, Lernschritt |146|.

Abschnitt 3. Ableitungen

146 In diesem Abschnitt werden wir das über die Geschwindigkeit Erfahrene allgemeiner formulieren. Damit kommen wir zu dem Begriff einer *Ableitung*, die das Kernstück der Differentialrechnung bildet.
Weiter nach 147.

147 Setzen Sie an den bezeichneten Stellen unten ein:

Wenn wir $S = f(t)$ schreiben, so sagt das aus, daß der Ort von der Zeit abhängt. In diesem Fall ist der Ort die abhängige Variable, und die Zeit ist die .... Variable.

Die Geschwindigkeit ist das Verhältnis, in dem sich der Ort mit der Zeit ändert. Damit wird gesagt, daß die Geschwindigkeit gleich (man gebe noch einmal die formale Definition an)

$v = $ ....

Die richtigen Antworten befinden sich in 148.

148 Im letzten Lernschritt war einzusetzen:

Die Zeit ist die *unabhängige* Variable und

$$v = \lim_{\Delta t \to 0} \frac{\Delta S}{\Delta t}.$$

Weiter nach 149.

149 Betrachten wir irgendeine stetige Funktion, die beispielsweise durch $y = f(x)$ definiert ist. Jetzt ist y die abhängige und x die unabhängige Variable. Wenn wir fragen „in welchem Verhältnis ändert sich y, wenn x sich ändert", dann erhalten wir die Antwort, indem wir den folgenden Grenzwert einsetzen:

Das Verhältnis, in dem sich y mit x verändert, ist

$$x = \lim_{\Delta x \to 0} \frac{\Delta y}{\Delta x}.$$

Weiter nach 150.

150

Für $y = f(x)$ kann man $\lim\limits_{\Delta x \to 0} \dfrac{\Delta y}{\Delta x}$ auch geometrisch veranschaulichen. Dazu sind die bezeichneten Stellen auszufüllen.

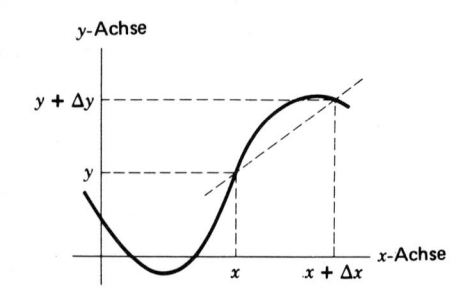

Man kann $\lim\limits_{\Delta x \to 0} \dfrac{\Delta y}{\Delta x}$ auf geometrischem Wege finden, indem man, wie in der Abbildung, eine Gerade durch den Punkt (x, y) und den Punkt (......., ...) zeichnet. Die Steigung der Geraden ist durch $\dfrac{\Delta y}{\Delta x}$ gegeben, und $\lim\limits_{\Delta x \to 0} \dfrac{\Delta y}{\Delta x}$ ist die .... der Kurve in (x, y).

Weiter nach 151.

151

Die richtigen Eintragungen in 150 lauten:

$(x + \Delta x, y + \Delta y)$,

$\lim\limits_{\Delta x \to 0} \dfrac{\Delta y}{\Delta x}$ ist die *Steigung* der Kurve in (x, y).

Suchen Sie eine Diskussion hierüber, so wiederholen Sie Lernschritt 131.

Weiter nach 152.

152

Eine andere Möglichkeit, $\dfrac{\Delta y}{\Delta x}$ auszudrücken, ist

$$\dfrac{y_2 - y_1}{x_2 - x_1}, \text{ oder } \dfrac{f(x_2) - f(x_1)}{x_2 - x_1}.$$

Wenn Ihnen die hier verwendete Bezeichnungsweise immer noch fremd erscheint, wiederholen Sie 136. Dann weiter nach 153.

3. Ableitungen

|153| Wiederholen wir noch einmal:

Wenn wir wissen wollen, wie sich y ändert, wenn x sich ändert, dann erfahren wir das, indem wir den folgenden Grenzwert einsetzen:

....

Bitte ausfüllen und weiter nach |154|.

|154| Die richtige Eintragung in |153| ist

$$\lim_{\Delta x \to 0} \frac{\Delta y}{\Delta x}, \text{ oder } \lim_{x_2 \to x_1} \frac{y_2 - y_1}{x_2 - x_1}.$$

Wenn richtig, gut! *Weiter nach* |155|.
Wenn falsch, *zurück nach* |149|.

|155| Da die Größe $\lim_{\Delta x \to 0} \frac{\Delta y}{\Delta x}$ so nützlich ist, geben wir ihr einen eigenen Namen und ein eigenes Symbol.

$\lim_{\Delta x \to 0} \frac{\Delta y}{\Delta x}$ heißt die *Ableitung* von y nach x und wird durch das Symbol $\frac{dy}{dx}$ dargestellt.

$$\boxed{\frac{dy}{dx} = \lim_{\Delta x \to 0} \frac{\Delta y}{\Delta x}}$$

Zur Wiederholung: $\frac{dy}{dx}$ ist die .... von .... nach ....
Die richtige Antwort befindet sich in |156|.

|156| Die richtige Aussage lautet:

$\dfrac{dy}{dx}$ ist die *Ableitung* von y nach x.

Obwohl $\dfrac{dy}{dx}$ wie ein Bruch aussieht, ist es hier als vollständiges Symbol definiert, das $\lim\limits_{\Delta x \to 0} \dfrac{\Delta y}{\Delta x}$ darstellt. Es wird oft als „De y nach De x" gelesen. Zuweilen wird $\dfrac{dy}{dx}$ auch y' geschrieben; wir werden aber immer $\dfrac{dy}{dx}$ verwenden.

Diese Definition können wir auf den früher diskutierten Begriff der Geschwindigkeit anwenden. Da Geschwindigkeit das Verhältnis ist, in dem die Lage sich mit der Zeit ändert, ist Geschwindigkeit die *Ableitung* des Ortes nach der Zeit.

Weiter nach |157|.

|157| Geben wir die Definition einer Ableitung an, bei der wir andere Variablen verwenden. Angenommen, es sei z irgendeine unabhängige Variable und q hänge von z ab. Die Ableitung von q nach z lautet dann

$$\dfrac{dq}{dz} = \dotsb$$

(Setzen Sie die formale Definition ein.)

Die richtige Antwort finden Sie in |158|.

|158| Die richtige Antwort muß lauten:

$$\dfrac{dq}{dz} = \lim_{\Delta z \to 0} \dfrac{\Delta q}{\Delta z}.$$

Wenn richtig, weiter nach |159|.
Wenn falsch, versuchen Sie es noch einmal; dazu zurück nach |155|.

159

Die Bezeichnungsweise ist bequemer, wenn $\frac{dy}{dx}$ manchmal als $\frac{d}{dx}(y)$ geschrieben wird. Das folgende Beispiel zeigt, wie man $\frac{dy}{dx}$ anders schreiben kann: Wenn $y = x^3 + 3$, dann ist

$$\frac{dy}{dx} = \frac{d(x^3 + 3)}{dx} = \frac{d}{dx}(x^3 + 3). \tag{a}$$

Ähnlich ist

$$\frac{d(\theta^2 \sin \theta)}{d\theta} = \frac{d}{d\theta}(\theta^2 \sin \theta). \tag{b}$$

(θ stellt hier einfach eine andere Variable dar. Ein Winkel ist ebenso eine Variable wie beispielsweise die Entfernung.)

Weiter nach Abschnit 4, Lernschritt 160.

Abschnitt 4. Graphische Darstellungen einer Funktion und ihrer Ableitungen

160 Wir haben soeben die formale Definition einer Ableitung kennengelernt. In ihrer graphischen Darstellung ist die Ableitung einer Funktion $f(x)$ an irgendeiner Stelle x äquivalent zur Steigung einer Geraden, die den Graphen der Funktion in diesem Punkt berührt. Für den restlichen Teil dieses Kapitels werden wir hauptsächlich damit beschäftigt sein, Methoden zu entwickeln, mit denen man die Ableitungen verschiedener Funktionen berechnet. Dabei ist es jedoch nützlich, wenn man in etwa eine Vorstellung davon hat, wie sich die Ableitung verhält; wir können das erreichen, indem wir die graphische Darstellung der Funktion betrachten. Wenn der Graph einen steilen Anstieg aufweist, so ist die Ableitung groß und positiv. Wenn der Graph leicht nach unten geneigt ist, so ist die Ableitung klein und negativ. In diesem Abschnitt werden wir einige Erfahrung sammeln, indem wir qualitative Vorstellungen wie diese verwenden; in den folgenden Abschnitten lernen wir dann, wie man Ableitungen genau erhält.

Weiter nach 161.

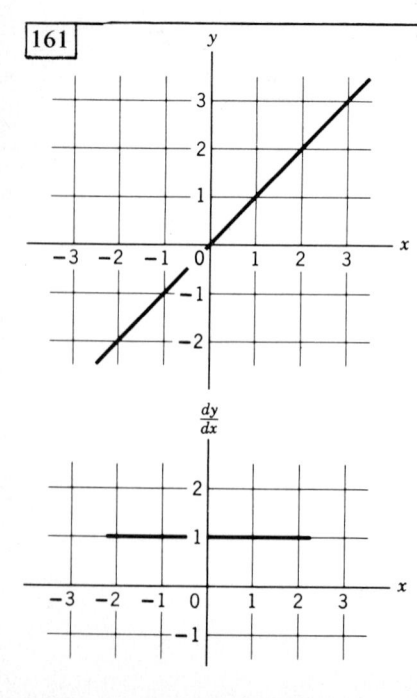

161

Die Abbildung links zeigt das Diagramm der einfachen Funktion $y = x$. In der Abbildung darunter ist $\dfrac{dy}{dx}$ dargestellt. Da die Steigung von y positiv und konstant ist, ist $\dfrac{dy}{dx}$ eine positive Konstante. (Wie wir bereits wissen, ist $\dfrac{d}{dx}(x) = 1$.)

Jetzt weiter nach 162, *wo eine etwas schwerere Aufgabe auf uns wartet.*

4. Graphische Darstellungen einer Funktion und ihrer Ableitungen

|162|

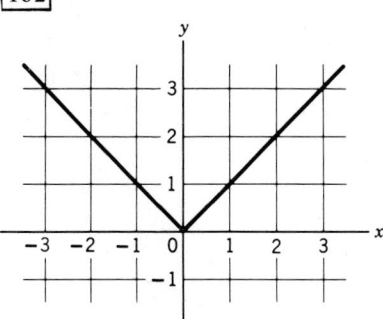

In der Abbildung sehen wir ein Diagramm von $y = |x|$. (Falls Sie die Definition von $|x|$ vergessen haben, vgl. |20|.) In das Koordinatensystem unten ist $\dfrac{dy}{dx}$ einzutragen.

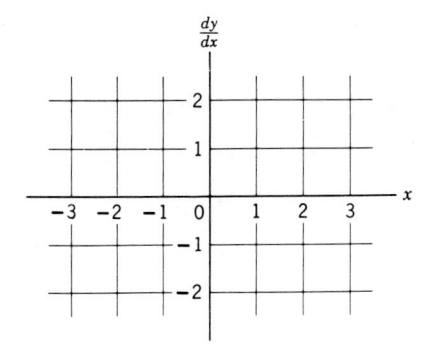

Die Lösung befindet sich in |163|.

| 163 | Unten sehen wir die Skizzen von $y = |x|$ und $\dfrac{dy}{dx}$. Wenn Sie sie richtig gezeichnet haben, weiter nach | 164 |. Wenn Sie einen Fehler gemacht haben oder weitere Erklärungen wünschen, lesen Sie bitte weiter.

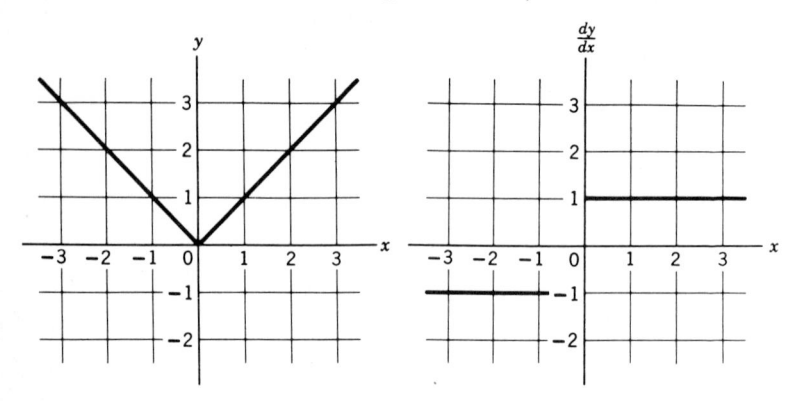

Wie aus der graphischen Darstellung hervorgeht, gilt für $x > 0$, daß $y = |x| = x$. Für $x > 0$ ist die Aufgabe daher identisch mit der in 161, und $\dfrac{dy}{dx} = 1$. Für $x < 0$ ist die Steigung von $|x|$ jedoch negativ und, wie man sofort sieht, -1. In $x = 0$ ist $|x| = x = 0$, und die Steigung ist undefiniert, denn sie hat den Wert $+1$, wenn wir uns 0 entlang der positiven x-Achse nähern, und den Wert -1, wenn wir uns 0 entlang der negativen x-Achse nähern. Folglich ist $\dfrac{d}{dx}|x|$ in $x = 0$ unstetig. (Die Funktion $|x|$ ist in diesem Punkt stetig, aber der „Knick" bei $x = 0$ bewirkt eine sprunghafte Änderung der Steigung und damit eine Unstetigkeit in der Ableitung.)

Weiter nach | 164 |.

4. Graphische Darstellungen einer Funktion und ihrer Ableitungen 91

164 Die Abbildung zeigt die graphische Darstellung einer Funktion $y = f(x)$. Skizzieren Sie ihre Ableitung in dem unten dafür vorgesehenen Schema. (Die Skizze muß nicht genau sein; sie soll nur die allgemeinen Merkmale von $\dfrac{dy}{dx}$ aufweisen.)

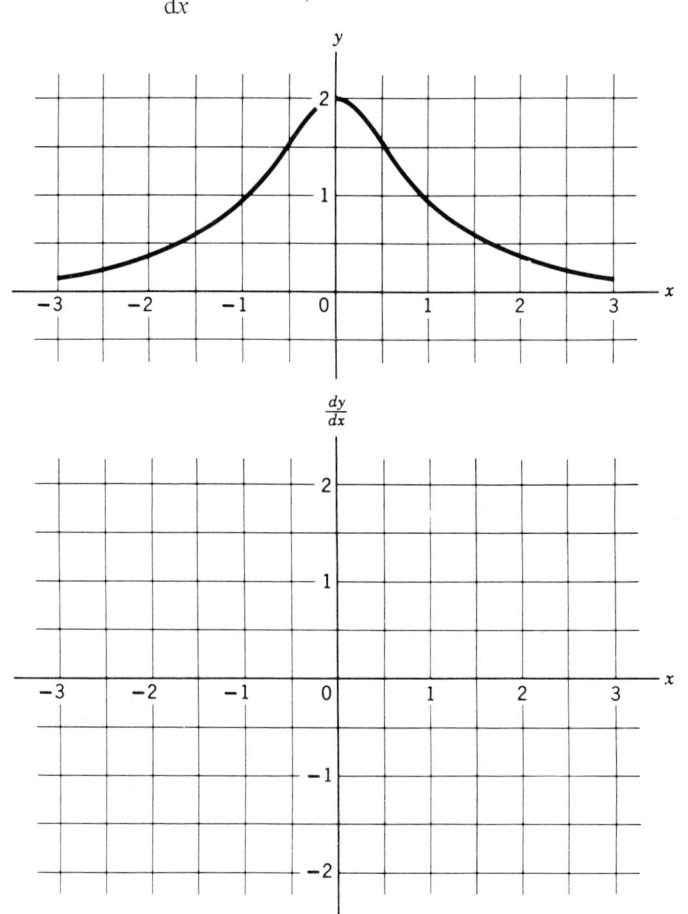

Die richtige Lösung befindet sich in **165** .

165 Wir zeigen hier die Funktion und ihre Ableitung. Wenn Sie eine ähnliche Skizze von $\frac{dy}{dx}$ gezeichnet haben, weiter nach **166**. Anderenfalls sollten Sie weiterlesen.

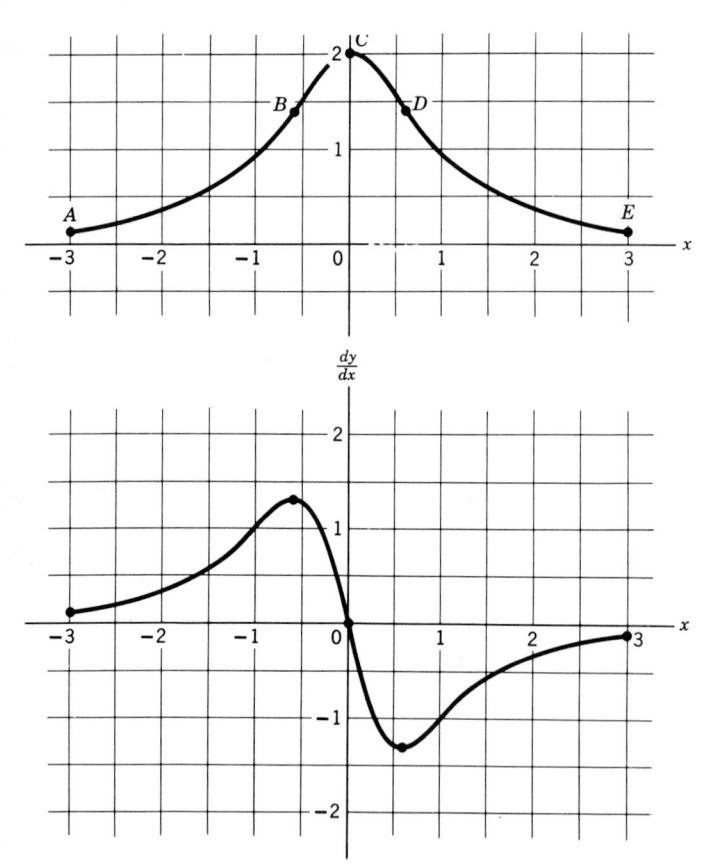

Um zu sehen, ob das Diagramm von dy/dx vernünftig ist, schätzen wir dy/dx für mehrere x-Werte. Im Punkt C hat der Graph die Steigung 0, so daß dy/dx gleich 0 ist. In B steigt y stark an, so daß dy/dx positiv ist. In D fällt y stark ab, so daß dy/dx negativ ist. In A und E ist die Steigung klein, und dy/dx liegt nahe bei 0. Diese Werte von dy/dx genügen, um uns einen Eindruck von ihrem allgemeinen Verhalten zu geben.

Weiter nach **166**.

4. Graphische Darstellungen einer Funktion und ihrer Ableitungen 93

166 Wir wollen das Verhalten von dy/dx noch für eine weitere Funktion graphisch betrachten. In der Abbildung unten ist das Diagramm von y gegen x ein Halbkreis. In das Schema darunter soll eine grobe Skizze von dy/dx im angedeuteten Zwischenraum eingezeichnet werden.

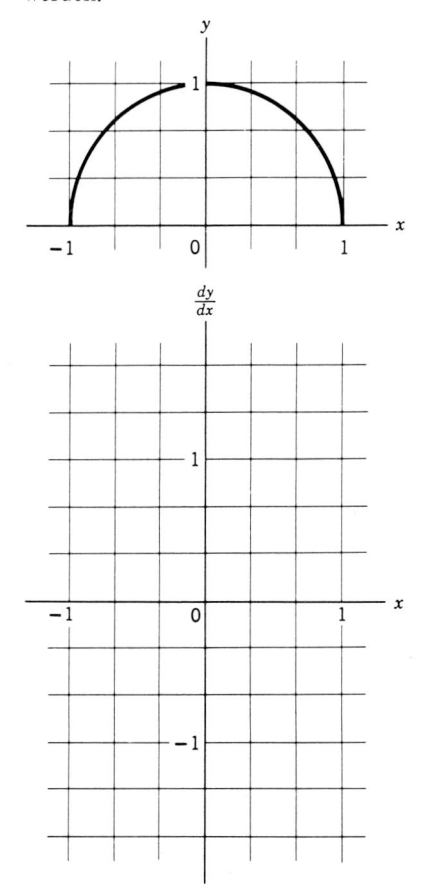

Die Lösung befindet sich in **167** .

167 Die Abbildungen zeigen die Diagramme von y und dy/dx. Wenn Sie an einer weiteren Diskussion hierüber interessiert sind, bitte weiterlesen. Anderenfalls weiter nach **168**.

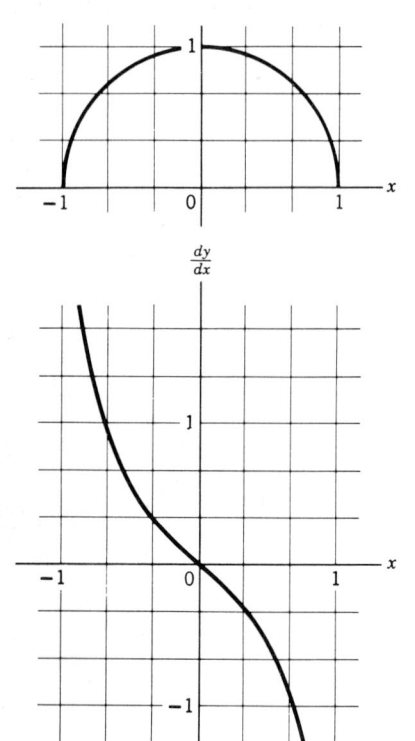

Die Steigung des Halbkreises ist schwieriger zu beurteilen bei den extremen x-Werten; betrachten wir daher zuerst $x = 0$. Wenn wir eine Tangente an die Kurve in $x = 0$ zeichnen, so verläuft sie parallel zur x-Achse, und die Kurve hat die Steigung 0. In $x = 0$ ist also $dy/dx = 0$. Bei $x > 0$ hat eine Tangente an die Kurve eine negative Steigung, so daß $dy/dx < 0$. Wenn x sich 1 nähert, wird die Tangente zunehmend steiler, und dy/dx wird zunehmend negativ. Tatsächlich strebt, wenn $x \to 1$, $\frac{dy}{dx} \to -\infty$.

Anhand dieser Diskussion kann es nicht schwerfallen, dy/dx für $x < 0$ zu finden.

Weiter nach **168**.

4. Graphische Darstellungen einer Funktion und ihrer Ableitungen

168 Wenn Sie alle Beispiele in diesem Abschnitt verstehen, dann weiter zum nächsten Abschnitt. Wenn Sie jedoch etwas mehr Übung bekommen wollen, skizzieren Sie die Ableitungen der abgebildeten Funktionen. Die richtigen Skizzen werden ohne Kommentar in **169** gezeigt.

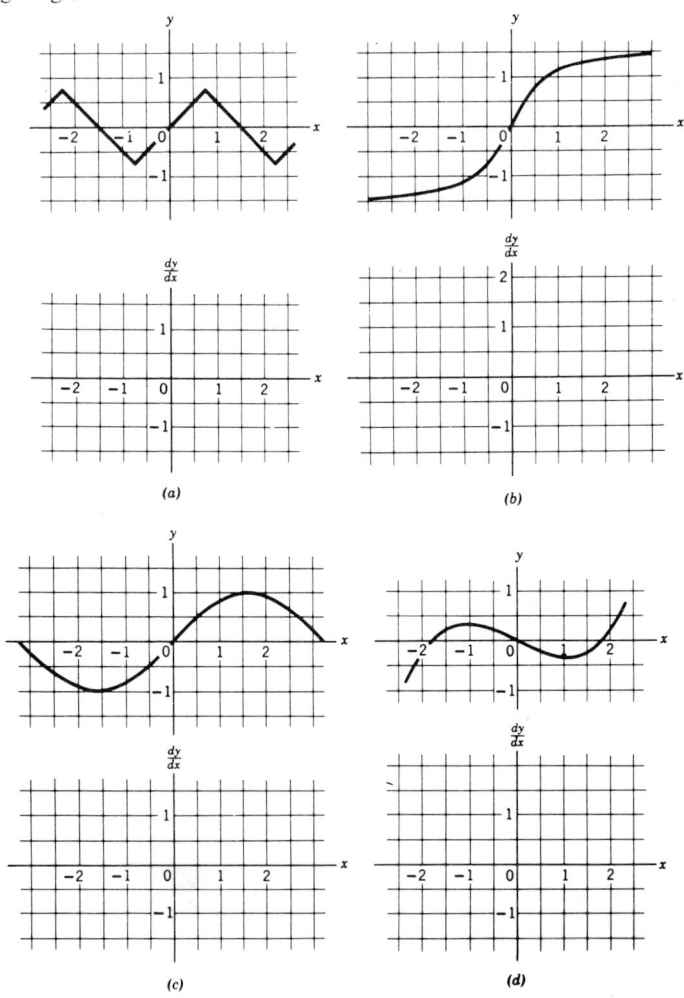

(a) (b)

(c) (d)

Die richtigen Skizzen befinden sich in **169** .

169 Die Lösungen der Aufgaben in **168** sind:

(a)

(b)

(c)

(d)

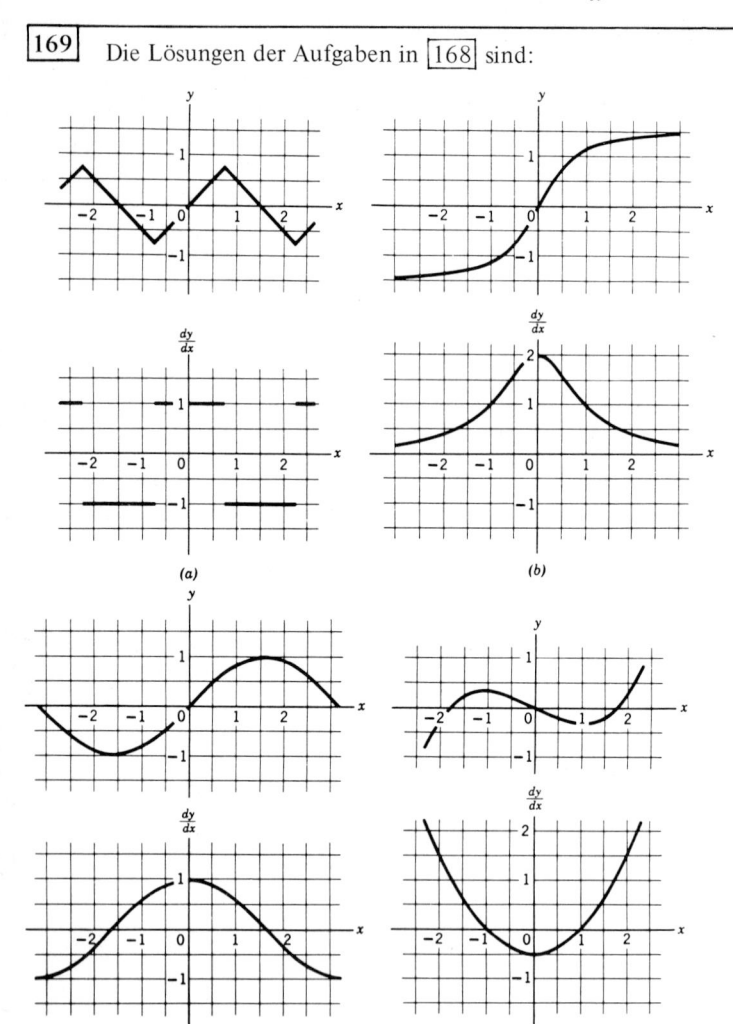

Sie müssen sich davon überzeugen können, daß die Kurven von dy/dx die allgemeinen Merkmale aufweisen, die wir erwarten, wenn wir dy/dx mit der Steigung einer Tangenten an den Graphen von $y = f(x)$ für einige besondere Werte von x vergleichen.

Weiter zum nächsten Abschnitt, Lernschritt **170**.

Abschnitt 5. Differentiation

|170| Wir haben in diesem Kapitel bereits sehr viel Stoff bewältigt. Es wurden alle wirklich entscheidenden neuen Begriffe der Differentialrechnung eingeführt — Grenzwerte, Steigungen von Kurven, Ableitungen — ; im Prinzip sind Sie nun für eine weite Vielfalt von Aufgaben gerüstet. Es wäre jedoch sehr zeitraubend, wenn man die grundlegende Definition der Ableitung bei jeder neuen Aufgabe anwenden würde. Es wäre auch insofern eine Zeitverschwendung, als es zahlreiche Regeln und Kniffe gibt, mit denen scheinbar komplizierte Funktionen in wenigen kurzen Schritten differenziert werden können. Sie werden die wichtigsten Regeln in den folgenden Abschnitten lernen. Bei einigen sehr häufig vorkommenden Funktionen wird es nützlich sein, ihre Ableitungen auswendig zu wissen. Dazu gehören einige trigonometrische Funktionen, Logarithmen und Exponenten. Die übrigen Abschnitte befassen sich mit einigen speziellen Themen sowie der Anwendung der Differentialrechnung in einzelnen Fällen. Am Ende dieses Kapitels sollen Sie die Differentialrechnung praktisch handhaben können. Auf geht's!

Weiter nach |171| .

| 171 | Finden Sie die Ableitung der folgenden einfachen Funktion:

$y = a$ (a ist eine Konstante)

$\dfrac{dy}{dx} =$ 1 x a 0   keines von diesen

Wenn richtig, weiter nach | 173 |.
Wenn falsch, weiter nach | 172 |.

| 172 | Um $\dfrac{dy}{dx}$ zu finden, gehen wir zur Definition $\dfrac{dy}{dx} = \lim\limits_{\Delta x \to 0} \dfrac{\Delta y}{\Delta x}$ zurück.

Wenn $y = a$, dann

$$\frac{\Delta y}{\Delta x} = \frac{f(x + \Delta x) - f(x)}{\Delta x} = \frac{a - a}{\Delta x} = 0.$$

(Erinnern Sie sich: $f(x + \Delta x)$ bedeutet, daß f in $x + \Delta x$ zu berechnen ist.)

$$\lim_{\Delta x \to 0} \frac{\Delta y}{\Delta x} = \lim_{\Delta x \to 0} 0 = 0.$$

Da $\dfrac{dy}{dx} = 0$, hat das Diagramm von y gegen x die *Steigung* 0. (In Beispiel 4, | 32 | ist dies graphisch dargestellt.)

Weiter nach | 173 |.

5. Differentiation

|173| Wie wir gerade gesehen haben, ist die Ableitung einer Konstanten 0. Versuchen Sie nun, die Ableitung der folgenden Funktion zu finden:

$y = ax$, a = konstant

$\dfrac{dy}{dx} =$ 1 x a 0 ax keines von diesen

Wenn richtig, weiter nach |175|.
Wenn falsch, weiter nach |174|.

|174| Die richtige Entwicklung ist:

$f(x) = ax$

$f(x + \Delta x) = a[x + \Delta x] = ax + a\Delta x$,

somit ist $\Delta y = f(x + \Delta x) - f(x) = [ax + a\Delta x] - ax = a\Delta x$.

Folglich ist

$$\lim_{\Delta x \to 0} \frac{\Delta y}{\Delta x} = \lim_{\Delta x \to 0} \frac{a\Delta x}{\Delta x} = a.$$

Wie lautet nun die Ableitung der Funktion $y = x$?

$\dfrac{dy}{dx} =$ 1   0 a -1 x

Wenn richtig, weiter nach |175|.

Wenn falsch: Bitte beachten Sie, daß diese Aufgabe ein Spezialfall von |173| ist. Versuchen Sie es noch einmal,
dann weiter nach |175|.

|175| Wir suchen nun die Ableitung einer quadratischen Funktion. Angenommen, es sei

$$y = f(x) = x^2.$$

Wie lautet $\dfrac{dy}{dx}$?

Bei der Überlegung sollten Sie von der Definition der Ableitung ausgehen. Kreuzen Sie die richtige Antwort an:

$$\frac{dy}{dx} = 1 \quad x \quad 0 \quad x^2 \quad 2x \ .$$

Wenn richtig, weiter nach |177|.
Anderenfalls weiter nach |176|.

|176| Wiederholen wir die Definition der Ableitung:

$$\frac{dy}{dx} = \lim_{\Delta x \to 0} \frac{f(x + \Delta x) - f(x)}{\Delta x}.$$

In diesem Fall ist

$$f(x + \Delta x) = [x + \Delta x]^2 = x^2 + 2x\Delta x + (\Delta x)^2,$$

so daß

$$\lim_{\Delta x \to 0} \frac{f(x + \Delta x) - f(x)}{\Delta x} = \lim_{\Delta x \to 0} \frac{[x^2 + 2x\Delta x + (\Delta x)^2] - x^2}{\Delta x}$$

$$= \lim_{\Delta x \to 0} \frac{2x\Delta x + (\Delta x)^2}{\Delta x} = \lim_{\Delta x \to 0} (2x + \Delta x) = 2x,$$

und folglich $\dfrac{dy}{dx} = 2x$ ist.

Weiter nach |177|.

Antworten |171| : 0;
|173| : a;
|174| : 1

5. Differentiation

177 Wir haben das Resultat $\frac{d}{dx}(x^2) = 2x$ abgeleitet. Um dies zu veranschaulichen, wird in der Abbildung unten die graphische Darstellung von $y = x^2$ gezeigt. Da die Steigung der Kurve in einem Punkt zugleich die Ableitung in diesem Punkt ist, ist die Steigung jeder Tangenten an die Kurve gleich der Ableitung in ihrem Berührungspunkt.

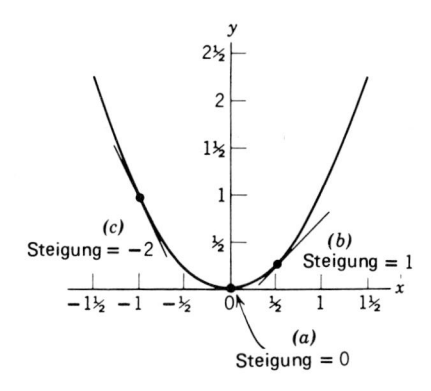

Gerade (a) ist die Tangente am Ursprung und hat die Steigung $2 \times (0) = 0$. Gerade (b) geht durch den Punkt $x = 1/2$ und hat die Steigung $2 \times (1/2) = 1$. Gerade (c) geht durch den Punkt $x = -1$ und hat die Steigung $2 \times (-1) = -2$.

Weiter nach **178**.

---

178 Die folgende Aufgabe faßt die in diesem Abschnitt bisher erzielten Resultate zusammen (und enthält geringfügig neuen Stoff).

Ermitteln Sie $\frac{dy}{dx}$, wenn $y = 3x^2 + 7x + 2$.

Antwort: $\frac{dy}{dx} = $ ....

Die richtige Antwort befindet sich in **179**.

| 179 | Wenn $y = 3x^2 + 7x + 2$, dann $\frac{dy}{dx} = 6x + 7$.

Ein großes Lob, wenn Sie die Antwort gefunden haben; *weiter nach* | 180 |. Anderenfalls sollten Sie weiterlesen.

Am Ende des Kapitels werden Sie die Berechnung dieser Ableitung auf verschiedene Weisen abkürzen können. Zunächst aber werden wir die grundlegende Definition $\frac{dy}{dx} = \lim\limits_{\Delta x \to 0} \frac{f(x + \Delta x) - f(x)}{\Delta x}$ verwenden. Da $f(x) = 3x^2 + 7x + 2$, erhalten wir

$$f(x + \Delta x) = 3[x^2 + 2x\Delta x + (\Delta x)^2] + 7[x + \Delta x] + 2$$
$$f(x + \Delta x) - f(x) = 6x\Delta x + 3\Delta x^2 + 7\Delta x$$

so daß

$$\frac{dy}{dx} = \lim\limits_{\Delta x \to 0} \left[\frac{6x\Delta x + 3\Delta x^2 + 7\Delta x}{\Delta x}\right] = \lim\limits_{\Delta x \to 0} [6x + 3\Delta x + 7] =$$
$$= 6x + 7.$$

Weiter nach | 180 |.

| 180 | Da wir nun die Ableitungen von x und x^2 kennen, müssen wir als nächstes die Ableitung von x^n finden, wobei n eine beliebige Zahl ist. Wir geben hier nur das Endergebnis an; wenn Sie an der Entwicklung interessiert sind, schlagen Sie in Anhang A4 nach.

$$\boxed{\frac{dx^n}{dx} = nx^{n-1}}$$

Dieses wichtige Ergebnis gilt für alle Werte von n: für positive und negative Werte, für ganze Zahlen, Brüche, irrationale Zahlen, usw. Man beachte, daß unser früheres Ergebnis, $\frac{d}{dx}(x^2) = 2x$, der Spezialfall $n = 2$ ist.

Weiter nach | 181 |.

Antwort | 175 | : $2x$

5. Differentiation

181 Versuchen wir nun, unser Ergebnis in einigen Fällen anzuwenden.

Wie lautet $\dfrac{dy}{dx}$ für die Funktion

$$y = x^3 \qquad \dfrac{dy}{dx} = \quad 3x^3 \quad 3x^2 \quad 2x^3 \quad x^2$$

$$y = x^{-7} \qquad \dfrac{dy}{dx} = \quad -7x^{-6} \quad 7x^{-7} \quad -7x^{-8} \quad -6x^{-7}$$

$$y = \dfrac{1}{x^2} \qquad \dfrac{dy}{dx} = \quad -2x \quad 2/x \quad -2/x^3$$

Waren alle Antworten richtig, weiter nach **183**.

Bei mindestens einem Fehler, weiter nach **182**; *dort werden die Aufgaben erklärt.*

| 182 | Diese Aufgaben dürfen nicht schwerfallen. Sie stehen in direktem Zusammenhang mit der Regel in Lernschritt | 180 |. Die Details sind:

Wir verwenden die allgemeine Regel $\frac{d}{dx} x^n = nx^{n-1}$.

$y = x^3$; in diesem Fall ist $n = 3$, so daß

$$\frac{d(x^3)}{dx} = 3x^{(3-1)} = 3x^2$$

$y = x^{-7}$; hierbei ist $n = -7$, so daß

$$\frac{d(x^{-7})}{dx} = -7x^{(-7-1)} = -7x^{-8}$$

$y = 1/x^2 = x^{-2}$; in diesem Fall ist $n = -2$, so daß

$$\frac{d(1/x^2)}{dx} = -2x^{(-2-1)} = -2x^{-3} = -2/x^3$$

Der Leser beantworte die nun folgenden Fragen:

$$y = \frac{1}{x}, \qquad \frac{dy}{dx} = \quad 1 + \frac{1}{x} \quad -\frac{1}{x} \quad -\frac{1}{x^2} \quad 2$$

$$y = \frac{-1}{3} x^{-3}, \frac{dy}{dx} = \quad x^{-4} \quad -3x^{-4} \quad \frac{-1}{4} x^{-2} \quad +x^{-2}.$$

Wenn richtig, weiter nach | 183 |.
Wenn falsch, von | 180 | *an wiederholen.*

Antworten | 181 | : $3x^2$, $-7x^{-8}$, $-2/x^3$.

5. Differentiation

183

Und noch eine Anwendung:

Wie lautet $\dfrac{dy}{dx}$, wenn $y = x^{1/2}$?

Die Antwort lautet: $x^{-1/2}$ $\dfrac{1}{2}x^{-1/2}$ $\dfrac{1}{2}x$ keines von diesen

Wenn richtig, weiter nach Abschnitt 6, Lernschritt 185 .
Wenn falsch, weiter nach 184 .

184

Die Regel $\dfrac{dx^n}{dx} = nx^{n-1}$ gilt für jeden Wert von n.
Für $n = 1/2$ ist

$$\frac{d}{dx} x^{1/2} = \frac{1}{2} x^{(1/2 - 1)} = \frac{1}{2} x^{-1/2}.$$

Folgende Aufgabe ist zu lösen:

$$\frac{d}{dx}(x^{2/3}) = \quad x^{-1/3} \quad \frac{2}{3}x^{-2/3} \quad \frac{2}{3}x^{-1/3} \quad x^{5/3} \quad .$$

Weiter nach Abschnitt 6, 185 .

Abschnitt 6. Differentiationsregeln

185 In diesem Abschnitt werden wir einige Kurzregeln für das Differenzieren kennenlernen, mit denen man nicht immer wieder bei der Definition der Ableitung anfangen muß. Einige dieser Regeln werden unten, andere in Anhang A entwickelt.

In diesem Abschnitt seien $u(x)$ und $v(x)$ zwei beliebige, von x abhängige Variablen.

Weiter nach 186.

186 Unsere erste Regel bezieht sich auf die Ableitung der Summe von u und v, ausgedrückt durch die Ableitungen von u und v. Wir finden die Regel wie folgt:

Es sei $y = u(x) + v(x)$.

Dann ist

$$\frac{dy}{dx} = \lim_{\Delta x \to 0} [u(x + \Delta x) + v(x + \Delta x) - u(x) - v(x)] \frac{1}{\Delta x}$$

$$= \lim_{\Delta x \to 0} [u(x + \Delta x) - u(x)] \frac{1}{\Delta x} +$$

$$\lim_{\Delta x \to 0} [v(x + \Delta x) - v(x)] \frac{1}{\Delta x}$$

$$= \frac{du}{dx} + \frac{dv}{dx}.$$

Somit ist

$$\boxed{\frac{d}{dx}[u + v] = \frac{du}{dx} + \frac{dv}{dx}}$$

Die Handhabung der Grenzwerte im obigen Beweis wird in Anhang A2 genauestens gerechtfertigt.

Weiter nach 187.

Antworten 182 : $-1/x^2$, x^{-4}

183 : $1/2 x^{-1/2}$; 184 : $2/3 x^{-1/3}$

6. Differentiationsregeln

187 Verwenden wir nun die obige Regel zur Berechnung der Ableitung der folgenden Funktion (es müssen auch einige Ergebnisse aus Abschnitt 5 berücksichtigt werden):

$$y = x^4 + 8x^3.$$

$$\frac{dy}{dx} = \ldots\ldots\ldots\ldots\ldots\ldots\ldots\ldots\ldots$$

Die richtige Antwort befindet sich in **188**.

---

188 Das Ergebnis in **187** lautet:

$$\frac{d}{dx}[x^4 + 8x^3] = 4x^3 + 24x^2$$

Bei richtigem Ergebnis *weiter nach* **189**.

Anderenfalls lesen Sie bitte weiter; versuchen Sie, den Fehler festzustellen.

Unsere Aufgabe besteht darin, die Ableitung der Summe von zwei Funktionen zu finden. Um die Regel aus Lernschritt **186** in der dort gebrauchten Bezeichnungsweise zu verwenden, nehmen wir an, es sei $u = x^4, v = 8x^3$. Dann ist

$$\frac{d}{dx}[u+v] = \frac{d}{dx}[x^4 + 8x^3] = \frac{d}{dx}[x^4] + \frac{d}{dx}[8x^3].$$

Aus dem Resultat des letzten Abschnitts sollten Sie die folgenden Ableitungen berechnen können:

$$\frac{d}{dx}[x^4] = 4x^3, \quad \frac{d}{dx}[8x^3] = 24x^2$$

Somit ist

$$\frac{d}{dx}[x^4 + 8x^3] = 4x^3 + 24x^2.$$

Weiter nach **189**.

189 Da wir nun die Summe von zwei Variablen differenzieren können, müssen wir als nächstes lernen, wie man ein Produkt, beispielsweise $u(x)\,v(x)$, differenziert. $\frac{d}{dx}[uv]$ soll durch $\frac{du}{dx}$ und $\frac{dv}{dx}$ ausgedrückt werden. Wir geben hier das Ergebnis an. Wer sich für die Ableitung interessiert, s. Anhang A6. Die Regel, die manchmal auch als *Produktregel* bezeichnet wird, lautet

$$\frac{d}{dx}[uv] = u\frac{dv}{dx} + v\frac{du}{dx}$$

Weiter nach 190.

---

190 Im folgenden geben wir ein Beispiel, bei dem die *Produktregel* angewandt wird. Angenommen, es sei $y = [x^5 + 7]\,[x^3 + 17x]$. Die Aufgabe besteht darin, $\frac{dy}{dx}$ zu finden. Setzen wir $u = x^5 + 7$, $v = x^3 + 17x$, so ist $y = uv$.

$$\frac{dy}{dx} = \frac{d}{dx}[uv] = u\frac{dv}{dx} + v\frac{du}{dx}.$$

Da $\frac{du}{dx} = 5x^4$ und $\frac{dv}{dx} = 3x^2 + 17$, ist unser Ergebnis

$$\frac{dy}{dx} = [x^5 + 7]\,[3x^2 + 17] + [x^3 + 17x]\,[5x^4].$$

Indem wir die Produktregel anwenden, können wir ein bereits gefundenes Ergebnis auf eine andere Weise ableiten: $\frac{d}{dx}[x^2] = 2x$. Setzen wir $u = x$ und $v = x$, so finden wir mit Hilfe der Produktregel, daß

$$\frac{d}{dx}x^2 = x\frac{dx}{dx} + x\frac{dx}{dx} = 2x.$$

Weiter nach 191.

6. Differentiationsregeln

191 Nun ist es Ihre Aufgabe, eine Ableitung mit Hilfe der Produktregel zu berechnen:

$$\frac{d}{dx}[(3x + 7)(4x^2 + 6x)].$$

Lösung: ....

Das Ergebnis befindet sich in **192**.

---

192 Die Lösung der Aufgabe ist:

$$(3x + 7)(8x + 6) + (4x^2 + 6x)(3).$$

Wurde diese oder eine äquivalente Lösung gefunden, *weiter nach* **194**. Anderenfalls bitte weiterlesen.

Die Aufgabe besteht darin, das Produkt von $(3x + 7)$ und $(4x^2 + 6x)$ zu differenzieren. Angenommen, es sei $u = 3x + 7$ und $v = (4x^2 + 6x)$. Dann ist leicht ersichtlich, daß $\frac{du}{dx} = 3$, $\frac{dv}{dx} = 8x + 6$. Folglich ist

$$\frac{d}{dx}[uv] = u\frac{dv}{dx} + v\frac{du}{dx} = (3x + 7)(8x + 6) + (4x^2 + 6x)(3).$$

Und nun beantworten Sie die folgende Frage:

Was ist $\frac{d}{dx}[(2x + 3)(x^5)]$?

Antwort: ....

Die Lösung befindet sich in **193**.

---

193 $$\frac{d}{dx}[(2x + 3)(x^5)] = (2x + 3)(5x^4) + (x^5)(2)$$

Die Methode, mit der man zu diesem Resultat kommt, ist die in Lernschritt **192** gezeigte. In **180** wurde die Regel zum Differenzieren von x^n angegeben; damit läßt sich $\frac{d}{dx}x^5 = 5x^4$ finden.

Weiter nach **194**.

194 Im vorliegenden Lernschritt werden wir die Regel kennenlernen, mit der man die Ableitung der „Funktion einer Funktion" erhält. Angenommen, es sei w eine von u abhängige Variable und u hänge von x ab. In diesem Fall hängt auch w von x ab, und die folgende, in Anhang A7 bewiesene Regel erweist sich als sehr nützlich.

$$\boxed{\frac{dw}{dx} = \frac{dw}{du}\frac{du}{dx}}$$

Diese Regel heißt die *Kettenregel*, weil sie Ableitungen mit den zugehörigen Variablen verbindet. Es handelt sich um eine der in der Differentialrechnung am häufigsten verwendeten Regeln.

Wir geben ein Beispiel: Angenommen, wir wollen $w = (x + x^2)^2$ differenzieren. Das ist eine komplizierte Funktion. Sie sieht sehr viel einfacher aus, wenn wir $u = x + x^2$ setzen, wobei dann $w = u^2$ und $\frac{dw}{du} = 2u$ ist. Wir erhalten dann

$$\frac{dw}{dx} = \frac{dw}{du}\frac{du}{dx} = 2u\,\frac{du}{dx}.$$

Wenn wir nun den Wert $u = x + x^2$ und $\frac{du}{dx} = 1 + 2x$ einsetzen, erhalten wir

$$\frac{dw}{dx} = 2(x + x^2)(1 + 2x)$$

(In diesem Fall können wir überprüfen, daß die Kettenregel zum richtigen Ergebnis führt, indem wir die beiden Faktoren in dem Ausdruck für w multiplizieren und dann differenzieren. Es zeigt sich, daß das Ergebnis äquivalent zu dem oben gefundenen $\frac{dw}{dx}$ ist.) Der folgende Lernschritt bringt Aufgaben, die sich nicht in so einfacher Form darstellen lassen, bei denen aber die Kettenregel von entscheidender Bedeutung ist.

Weiter nach **195**.

6. Differentiationsregeln

195 Einige weitere Beispiele für die Anwendung der *Kettenregel*.

1. Berechnen Sie $\dfrac{d}{dt}\sqrt{1+t^2}$

Wir setzen $w = \sqrt{1+t^2}$ und $u = 1 + t^2$, so daß $w = \sqrt{u}$.

Dann ist $\dfrac{dw}{dt} = \dfrac{dw}{du}\dfrac{du}{dt} = \dfrac{1}{2\sqrt{u}}(2t)$

$$= \frac{1}{2}\frac{1}{\sqrt{1+t^2}}\,2t = \frac{t}{\sqrt{1+t^2}}.$$

Hier haben wir t als Variable verwandt; es spielt jedoch keine Rolle, wie wir die Variablen bezeichnen.

2. Es sei $v = \left[q^3 + \dfrac{1}{q}\right]^{-3}$; ermitteln Sie $\dfrac{dv}{dq}$.

Wir können diese Aufgabe vereinfachen, indem wir $p = q^3 + \dfrac{1}{q}$ und $v = p^{-3}$ setzen. Mit diesen Symbolen lautet die Kettenregel

$$\frac{dv}{dq} = \frac{dv}{dp}\frac{dp}{dq} = -3p^{-4}\frac{dp}{dq} = -3p^{-4}\left[3q^2 - \frac{1}{q^2}\right]$$

$$= -3\left[q^3 + \frac{1}{q}\right]^{-4}\left[3q^2 - \frac{1}{q^2}\right].$$

Das folgende Beispiel wird nicht erklärt, da Sie es durch direkte Betrachtung ausarbeiten können müssen.

3. $\quad \dfrac{d}{dx}\left[1+\dfrac{1}{x}\right]^2 = 2\left[1+\dfrac{1}{x}\right]\left[-\dfrac{1}{x^2}\right]$

Weiter nach **196**.

| 196 | Und nun die folgende Aufgabe:

Was ist das Ergebnis von

$$\frac{d}{dx}(2x + 7x^2)^{-2}?$$

(a) $-2(2 + 14x)^{-3}$
(b) $-2(2 + 14x)^{-2}(2x + 7x^2)$
(c) $\quad (2x + 7x^2)^{-3}(2 + 14x)$
(d) $-2(2x + 7x^2)^{-3}(2 + 14x)$

Die richtige Antwort lautet

a   b   c   d

Wenn richtig, weiter nach | 199 |.
Anderenfalls weiter nach | 197 |.

| 197 | Der Lösungsvorgang bei der Aufgabe in | 196 | ist der folgende:
Setzen wir $w = u^{-2}$ und $u = (2x + 7x^2)$.

Dann ist $\frac{du}{dx} = (2 + 14x)$.

Folglich ist

$$\frac{dw}{dx} = \frac{dw}{du}\frac{du}{dx} = \frac{d}{du}(u^{-2})\frac{du}{dx}$$

$$= -2u^{-3}\frac{du}{dx} = -2(2x + 7x^2)^{-3}(2 + 14x).$$

Und nun diese Aufgabe:

Ermitteln Sie $\frac{dw}{ds}$, wobei $w = 12q^4 + 7q$ und $q = s^2 + 4$.

$\frac{dw}{ds} =$ ....

Die Lösung befindet sich in | 198 |.

6. Differentiationsregeln

198 Die Aufgabe in **197** läßt sich mit Hilfe der Kettenregel lösen:

$$\frac{dw}{ds} = \frac{dw}{dq}\frac{dq}{ds}.$$ Gegeben sind $w = 12q^4 + 7q$ und $q = s^2 + 4$, so daß

$$\frac{dw}{dq} = 48q^3 + 7 \text{ und } \frac{dq}{ds} = 2s.$$

Wenn wir diese Werte einsetzen, erhalten wir

$$\frac{dw}{ds} = [48q^3 + 7][2s] = [48(s^2 + 4)^3 + 7][2s].$$

Wenn Sie zu diesem Ergebnis gekommen sind, *weiter nach* **199**. Haben Sie einen Fehler gemacht, vergewissern Sie sich anhand der letzten Lernschritte, daß Sie die Anwendung der Kettenregel verstanden haben. Sie sollten sich nicht durch die verschiedenen Bezeichnungen der Variablen irritieren lassen. Dann weiter nach **199**.

---

199 Die nächste nützliche Regel für die Differentiation können Sie vielleicht selbst herausfinden, indem Sie die Kettenregel anwenden.

Die Aufgabe besteht darin, $\frac{d}{dx}(\frac{1}{v})$ durch v und $\frac{dv}{dx}$ auszudrücken, wobei v von x abhängt. Wie lautet die korrekte Lösung von $\frac{d}{dx}(\frac{1}{v})$?

$-\frac{1}{v^2}\frac{dv}{dx}$ $1/\frac{dv}{dx}\frac{dx}{dv}$ $-\frac{dv}{dx}$ keine von diesen

Wenn richtig, weiter nach **201**.
Wenn falsch, weiter nach **200**.

| 200 |

Um $\dfrac{d}{dx}\left[\dfrac{1}{v}\right]$ zu finden, wenden wir die Kettenregel auf folgende Weise an:

Wir setzen $w = \dfrac{1}{v} = v^{-1}$

$\dfrac{dw}{dx} = \dfrac{dw}{dv}\dfrac{dv}{dx}$, aber $\dfrac{dw}{dv} = \dfrac{d}{dv}v^{-1} = -\dfrac{1}{v^2}$, so daß

$\dfrac{d}{dx}\left[\dfrac{1}{v}\right] = -\dfrac{1}{v^2}\dfrac{dv}{dx}$.

Weiter nach | 201 | .

| 201 |
Indem Sie nun das Ergebnis aus dem letzten Lernschritt mit dem vorher Gelernten in Zusammenhang bringen, müssen Sie in der Lage sein, einen Ausdruck für die Ableitung des Quotienten von zwei Funktionen zu entwickeln. Es handelt sich um eine äußerst wichtige Relation, die Sie eigenständig ausarbeiten sollen.

Drücken Sie $\dfrac{d}{dx}\dfrac{u}{v}$ in $u, v, \dfrac{du}{dx}, \dfrac{dv}{dx}$ aus.

$\dfrac{d}{dx}\left[\dfrac{u}{v}\right] =$ ....

Zur Kontrolle des Resultats weiter nach | 202 | .

Antworten | 196 | : d

Antworten | 199 | : $-\dfrac{1}{v^2}\dfrac{dv}{dx}$

6. Differentiationsregeln

202 Das Resultat muß folgende Regel sein, (die aber auch anders angeordnet sein kann):

$$\frac{d}{dx}\left[\frac{u}{v}\right] = \frac{v\frac{du}{dx} - u\frac{dv}{dx}}{v^2}.$$

Wurde diese oder eine äquivalente Aussage gefunden, *weiter nach* **203**. Anderenfalls setzen Sie sich bitte mit der Ableitung unten auseinander.

Wenn wir $p = \frac{1}{v}$ setzen, dann ist unsere Ableitung die des Produkts von zwei Variablen.

$$\frac{d}{dx}\left[\frac{u}{v}\right] = \frac{d}{dx}[up] = u\frac{dp}{dx} + p\frac{du}{dx}.$$

Wie in **200** ist nun $\frac{dp}{dx} = \frac{dp}{dv}\frac{dv}{dx} = -\frac{1}{v^2}\frac{dv}{dx}$, so daß

$$\frac{d}{dx}\left[\frac{u}{v}\right] = -\frac{u}{v^2}\frac{dv}{dx} + \frac{1}{v}\frac{du}{dx} = \frac{v\frac{du}{dx} - u\frac{dv}{dx}}{v^2}.$$

Weiter nach **203**.

---

203 Folgende Aufgabe ist zu lösen:

$$\frac{d}{dx}\left[\frac{1+x}{x^2}\right] = \ldots\ldots\ldots\ldots\ldots\ldots\ldots\ldots\ldots\ldots.$$

Die richtige Lösung befindet sich in **204**.

204 Die Lösung der Aufgabe in **203** lautet

$$\frac{d}{dx}\left[\frac{1+x}{x^2}\right] = -\frac{2}{x^3} - \frac{1}{x^2}.$$

Wenn richtig, weiter nach **206**.
Wenn falsch, dann hilft **205** *weiter.*

---

205 Es sei $u = 1 + x$, $v = x^2$. Damit ist $\frac{du}{dx} = 1$, $\frac{dv}{dx} = 2x$

$$\frac{d}{dx}\left[\frac{u}{v}\right] = \frac{v\frac{du}{dx} - u\frac{dv}{dx}}{v^2}$$

$$\frac{d}{dx}\left[\frac{u}{v}\right] = \frac{x^2 - (1+x)(2x)}{x^4} = \frac{1}{x^2} - \frac{2}{x^3}(1+x)$$

$$= \frac{-2}{x^3} - \frac{1}{x^2}.$$

Weiter nach **206**.

6. Differentiationsregeln

206 Ehe wir zu neuem Stoff übergehen, fassen wir noch einmal alle bisher angewandten Differentiationsregeln zusammen. Füllen Sie bitte die rechten Gleichungsseiten aus. a und n sind Konstante; u und v sind von x abhängige Variablen; w hängt von u und u wiederum von x ab.

$$\frac{d}{dx} a = \ldots\ldots\ldots\ldots$$

$$\frac{d}{dx} ax = \ldots\ldots\ldots\ldots$$

$$\frac{d}{dx} x^2 = \ldots\ldots\ldots\ldots$$

$$\frac{d}{dx} x^n = \ldots\ldots\ldots\ldots$$

$$\frac{d}{dx} [u + v] = \ldots\ldots\ldots\ldots$$

$$\frac{d}{dx} [uv] = \ldots\ldots\ldots\ldots$$

$$\frac{d}{dx} \left[\frac{u}{v}\right] = \ldots\ldots\ldots\ldots$$

$$\frac{d}{dx} w(u) = \ldots\ldots\ldots\ldots$$

Weiter nach **207** .

207 Die folgenden Ergebnisse müssen Sie mühelos gefunden haben. Der Lernschritt, in dem die Relation besprochen wurde, ist in Klammern angegeben.

$$\frac{d}{dx} a = 0 \tag{172}$$

$$\frac{d}{dx} ax = a \tag{174}$$

$$\frac{d}{dx} x^2 = 2x \tag{176}$$

$$\frac{d}{dx} x^n = nx^{n-1} \tag{180}$$

$$\frac{d}{dx} [u + v] = \frac{du}{dx} + \frac{dv}{dx} \tag{186}$$

$$\frac{d}{dx} [uv] = u \frac{dv}{dx} + v \frac{du}{dx} \tag{189}$$

$$\frac{d}{dx} \frac{u}{v} = \frac{v \frac{du}{dx} - u \frac{dv}{dx}}{v^2} \tag{202}$$

$$\frac{d}{dx} w(u) = \frac{dw}{du} \frac{du}{dx} \tag{194}$$

Wenn Sie mehr Erfahrung mit Aufgaben wie in Abschnitt 5 und 6 sammeln möchten, siehe Übersichtsaufgaben 34 bis 38.

Weiter zum nächsten Abschnitt, Lernschritt **208** .

Abschnitt 7. Das Differenzieren von trigonometrischen Funktionen

208 Trigonometrische Funktionen treten in so vielen Anwendungen auf, daß es nützlich ist, ihre Ableitungen zu kennen. Uns interessiert beispielsweise $\frac{d}{d\theta} \sin \theta$. Laut Definition ist

$$\frac{d}{d\theta} \sin \theta = \lim_{\Delta\theta \to 0} \frac{\sin(\theta + \Delta\theta) - \sin\theta}{\Delta\theta}$$

Es ist keineswegs offensichtlich, wie dieser Ausdruck zu berechnen ist; versuchen wir zunächst einen anderen Zugang und ermitteln das Ergebnis auf *geometrischem* Weg, indem wir das Diagramm von sin θ betrachten.

Die Abbildung unten zeigt das Diagramm von sin θ gegen θ. θ ist der in Radiant gemessene Winkel; zur Bezugnahme werden auch einige Winkel in Grad angegeben.

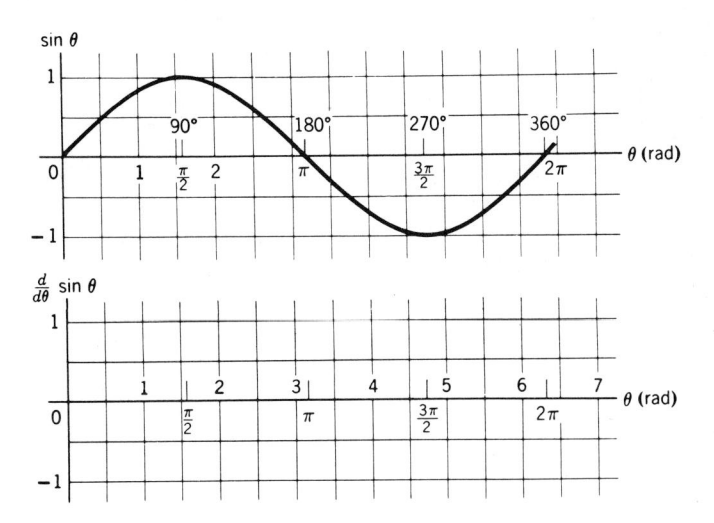

Skizzieren Sie $\frac{d}{d\theta} \sin \theta$ in dem dafür vorgesehenen Platz; zur Kontrolle der Skizze weiter nach $\boxed{209}$.

209 Die Abbildungen stellen $\sin \theta$ und $\frac{d}{d\theta} \sin \theta$ dar. Beachten Sie, daß die Steigung von $\sin \theta$ in 0 und 2π am größten ist und daß dort daher auch $\frac{d}{d\theta} \sin \theta$ am größten ist; ebenso, daß die Steigung in $\theta = \frac{\pi}{2}$ und $\frac{3\pi}{2}$ Null beträgt und daß dort daher auch $\frac{d}{d\theta} \sin \theta$ Null beträgt.

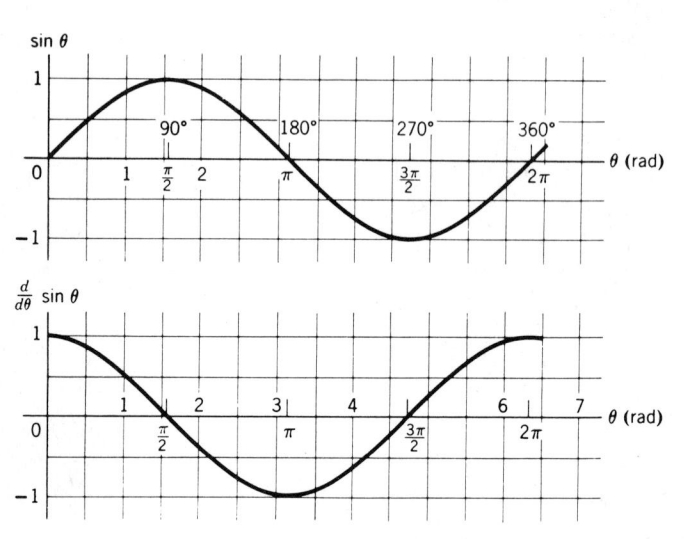

(Wenn Ihre Skizze sich sehr von der oben gezeigten Abbildung unterscheidet, wiederholen Sie Abschnitt 4 (Lernschritt $\boxed{160}$ – $\boxed{169}$). Diese Aufgabe ist Aufgabe (c) in $\boxed{168}$ sehr ähnlich.)

Vielleicht können Sie nun die richtige Lösung für $\frac{d}{d\theta} \sin \theta$ finden, indem sie die graphischen Darstellungen betrachten. Versuchen Sie es.

$\frac{d}{d\theta} \sin \theta = \dots\dots\dots\dots\dots\dots\dots\dots$

Die richtige Lösung befindet sich in $\boxed{210}$.

7. Das Differenzieren von trigonometrischen Funktionen

210 Die Regel lautet:

$$\frac{d}{d\theta} \sin \theta = \cos \theta.$$

Es ist anerkennenswert, wenn Sie dieses Resultat im letzten Lernschritt gefunden haben. Wenn Sie zu einem anderen Resultat gelangt sind, betrachten Sie die Zeichnungen in 209 genau und vergleichen Sie die zweite mit dem unten (und in 65) abgebildeten Diagramm von $\cos \theta$.

Der formale Beweis von $\frac{d}{d\theta} \sin \theta = \cos \theta$ ist in Anhang A5 durchgeführt.

Es muß unbedingt klar sein, daß diese Relation nur für Winkel in Radiant gilt; deshalb ist der Radiant eine so nützliche Einheit.

Wir wollen versuchen, das Resultat von $\frac{d}{d\theta} \cos \theta$ anhand eines Diagramms von $\cos \theta$ zu ermitteln.

Skizzieren Sie $\frac{d}{d\theta} \cos \theta$ in dem unten dafür vorgesehenen Schema und versuchen Sie, das Resultat zu bestimmen.

$$\frac{d}{d\theta} \cos \theta = \text{...}$$

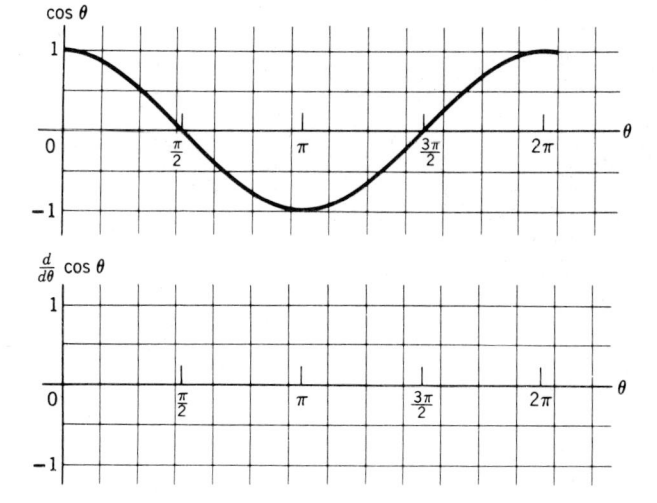

Weiter nach 211 .

211 Die Abbildungen unten zeigen die Diagramme von $\cos\theta$ und $\frac{d}{d\theta}\cos\theta$. Wie aus dem Graphen hervorgeht, lautet das Resultat $\frac{d}{d\theta}\cos\theta = -\sin\theta$. Auch diese Relation wird in Anhang A5 formal bewiesen.

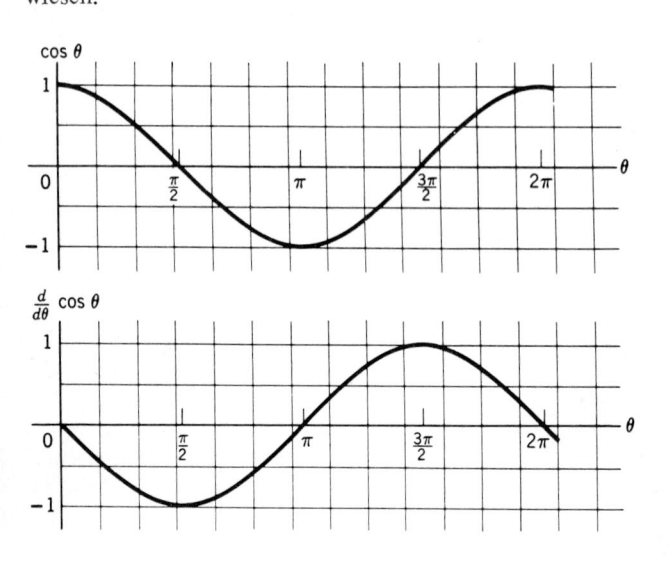

Zusammenfassend ist:

$$\frac{d}{d\theta}\sin\theta = \cos\theta$$

$$\frac{d}{d\theta}\cos\theta = -\sin\theta$$

Mit Hilfe dieser Resultate bestimmen Sie bitte $\frac{d}{d\theta}\tan\theta$.

(Hinweis: verwenden Sie $\tan\theta = \frac{\sin\theta}{\cos\theta}$ und wenden Sie die Regel in 202 an.)

$$\frac{d}{d\theta}\tan\theta = \dots\dots\dots\dots\dots\dots\dots\dots\dots\dots\dots\dots$$

Weiter nach 212.

7. Das Differenzieren von trigonometrischen Funktionen

212 Indem wir die Hinweise in **211** berücksichtigen, erhalten wir

$$\frac{d}{d\theta} \tan \theta = \frac{d}{d\theta} \left[\frac{\sin \theta}{\cos \theta} \right]$$

$$= \frac{\cos \theta \frac{d}{d\theta} \sin \theta - \sin \theta \frac{d}{d\theta} \cos \theta}{\cos^2 \theta}$$

$$= \frac{\cos^2 \theta + \sin^2 \theta}{\cos^2 \theta} = \frac{1}{\cos^2 \theta} = \sec^2 \theta.$$

Welches ist im folgenden Beispiel die richtige Lösung?

$$\frac{d}{d\theta} \sec \theta = \sec \theta \tan \theta \quad -\sec \theta \tan \theta \quad \sec \theta \;.$$

Wenn richtig, weiter nach **214**.
Wenn falsch, weiter nach **213**.

---

213 Haben Sie das im letzten Abschnitt Gelernte oder die Definition der trigonometrischen Funktionen vergessen? Anhand von Lernschritt **200** muß deutlich sein, daß

$$\frac{d}{d\theta} \sec \theta = \frac{d}{d\theta} \frac{1}{\cos \theta} = -\frac{1}{\cos^2 \theta} \frac{d \cos \theta}{d\theta}$$

$$= + \frac{1}{\cos^2 \theta} \sin \theta = \frac{\tan \theta}{\cos \theta}$$

$$= \sec \theta \tan \theta.$$

(Alle Ausdrücke sind gleicherweise akzeptabel.)
Weiter nach **214**.

---

214 Das richtige Resultat ist anzukreuzen:

$$\frac{d}{d\theta} (\sin \theta)^2 = \sin \theta \quad 2 \cos \theta \quad \cos \theta^2 \quad 2 \sin \theta \cos \theta$$

Wenn richtig, weiter nach **216**.
Wenn falsch, weiter nach **215**.

215 Eine mögliche Analyse der Aufgabe ist wie folgt:
Angenommen, es sei $u(\theta) = \sin \theta$.

Dann ist $\dfrac{du}{d\theta} = \cos \theta$ und

$$\frac{d}{d\theta} (\sin \theta)^2 = \frac{d}{d\theta} u^2 = \frac{d}{du}(u^2) \frac{du}{d\theta}$$

$$= 2u \frac{du}{d\theta} = 2 \sin \theta \cos \theta.$$

Wo haben Sie einen Fehler gemacht? Gehen Sie ihm nach und versuchen Sie, ihn zu verstehen. Dann
weiter nach **216**.

216 Welches der folgenden Ergebnisse gilt für $\dfrac{d}{d\theta} \cos(\theta^3)$?

$\cos \theta \sin(\theta^3)$ $-3\theta^2 \sin(\theta^3)$ $3\cos^2(\theta^3) \sin(\theta^3)$ $3\cos^2 \theta$

Wenn richtig, weiter nach **220**.
Wenn falsch, weiter nach **217**.

217 Wie muß die *Kettenregel* angewendet werden, um die Funktion einer Funktion zu differenzieren? Wir können uns $\cos(\theta^3)$ als die Funktion einer Funktion vorstellen. Angenommen, wir schreiben das in der folgenden Weise:

$w = \cos u, u = \theta^3$. Dann ist

$$\frac{dw}{d\theta} = \frac{dw}{du} \frac{du}{d\theta}$$

$$\frac{dw}{du} = -\sin u = -\sin(\theta^3), \frac{du}{d\theta} = 3\theta^2$$

so daß $\dfrac{d}{d\theta} \cos(\theta^3) = -3\theta^2 \sin \theta^3$

Weiter nach **218**.

Antworten **212** : $\sec \theta \tan \theta$; **214** : $2 \sin \theta \cos \theta$.

7. Das Differenzieren von trogonometrischen Funktionen

218 Wenn ω (der griechische Buchstabe Omega) eine Konstante bedeutet, welcher Ausdruck gibt dann $\frac{d}{dt} \sin \omega t$ wieder?

$\cos \omega t$ $\quad$ $\omega \cos \omega t$ $\quad$ $\sin \omega t$ $\quad$ keiner von diesen

Wenn richtig, weiter nach **220**.
Anderenfalls weiter nach **219**.

---

219 Um Aufgabe **218** zu lösen, setzen Sie

$w = \sin u, u = \omega t$; dann ist

$$\frac{dw}{dt} = \frac{dw}{du} \frac{du}{dt} = \cos u \times \frac{d}{dt}(\omega t) = \omega \cos \omega t.$$

Weiter nach **220**.

---

220 Ehe wir zum nächsten Abschnitt übergehen, wollen wir noch einmal die wichtigen Relationen dieses Abschnitts anführen:

$$\frac{d}{d\theta} \sin \theta = \cos \theta$$

$$\frac{d}{d\theta} \cos \theta = -\sin \theta$$

Es gibt zwei weitere Funktionen, die so gebräuchlich sind, daß wir ihre Ableitungen auswendig wissen müssen; es handelt sich um logarithmische und Exponentialfunktionen, die wir im nächsten Abschnitt kennen lernen — deshalb

weiter zum nächsten Abschnitt, Lernschritt **221**.

Abschnitt 8. Das Differenzieren von Logarithmen und Exponenten

$\boxed{221}$ Es geht jetzt darum, die Ableitung eines Logarithmus' zu finden. Wenn Sie sich im Umgang mit Logarithmen nicht sicher fühlen, wiederholen Sie Kap. I, Abschnitt 5 und gehen Sie erst dann

weiter nach $\boxed{222}$.

$\boxed{222}$ Wir setzen voraus, daß Ihnen Logarithmen zur Basis 10 ebenso wie Logarithmen zu jeder beliebigen Basis (wie in $\boxed{95}$) vertraut sind. Als Basis können wir beispielsweise die Zahl 2 oder π verwenden. Aus Gründen, die bald ersichtlich werden, ist es jedoch besonders praktisch, wenn man die Zahl e mit dem Wert

e = 2,71828............

als Basis verwendet. (Genau wie π, dessen Wert 3,14159............ ist, ist auch e eine irrationale Zahl, deren Wert beliebig genau berechnet werden kann. Das wird in Anhang A8 gezeigt.)

Weiter nach $\boxed{223}$.

Antworten $\boxed{216}$: $-3\theta^2 \sin(\theta^3)$

$\boxed{218}$: $\omega \cos \omega t$

8. Das Differenzieren von Logarithmen und Exponenten

223 Da wir in diesem Abschnitt mehrfach Logarithmen zur Basis e verwenden, wollen wir uns in mehreren Lernschritten um ihr Verständnis bemühen.

Zu Beginn wollen wir eine Regel aufstellen, mit der man $\log_e x$ aus $\log_{10} x$ findet. Diese unten bewiesene Regel lautet:

$$\log_e x = \frac{\log_{10} x}{\log_{10} e} = 2{,}303 \; \log_{10} x.$$

Daraus geht hervor, daß die Umrechnung der Logarithmen von der Basis 10 auf die Basis e nur einfach eine Multiplikation mit einer Konstanten erfordert.

Die Ableitung der Regel lautet wie folgt:

Laut Definition des Logarithmus ist

$$x = e^{\log_e x}.$$

Man bilde nun den Logarithmus zur Basis 10 auf beiden Seiten der Gleichung:

$$\log_{10} x = \log_{10} (e^{\log_e x})$$

Die rechte Seite der Gleichung kann vereinfacht werden, indem man die Regel $\log(x^n) = n \log x$ verwendet, wobei n irgendeine beliebige Zahl ist. Somit erhalten wir

$$\log_{10} x = \log_e x \times \log_{10} e$$

oder

$$\log_e x = \frac{\log_{10} x}{\log_{10} e}$$

aber

$$\frac{1}{\log_{10} e} = \frac{1}{\log_{10} 2{,}718} = \frac{1}{0{,}4343} = 2{,}303\ldots\ldots\ldots$$

und infolgedessen

$$\log_e x = 2{,}303 \; \log_{10} x$$

Weiter nach **224**.

|224| Um zu sehen, ob Sie Schritt halten konnten, beantworten Sie die folgende Frage:

Mit Hilfe von Tabellen läßt sich sicherstellen, daß

$$\log_{10} 37 = 1{,}57.$$

Welche der folgenden Zahlen kommt $\log_e 37$ am nächsten?

$$1{,}57/e \quad 3{,}61 \quad 15{,}7 \quad 0{,}68$$

Wenn richtig, weiter nach |226|.
Wenn falsch, weiter nach |225|.

|225| Die in |223| beschriebene Methode führt uns direkt zur Lösung:

$$\log_e 37 = \frac{1}{\log_{10} e} \log_{10} 37 = 2{,}303 \log_{10} 37$$
$$= 2{,}303 \times 1{,}57$$
$$= 3{,}61.$$

(Eigentlich sollten Sie die richtige Antwort ohne genaues arithmetisches Rechnen gefunden haben, denn alle anderen Antworten liegen weit außer betracht.)

Weiter nach |226|.

|226| Logarithmen zur Basis e werden *natürliche Logarithmen* genannt. Sie spielen eine so wichtige Rolle, daß man ihnen ein eigenes Symbol, ln x, gegeben hat.

$$\boxed{\ln x = \log_e x}$$

Weiter nach |227|.

8. Das Differenzieren von Logarithmen und Exponenten

|227| In der folgenden Tabelle ist ln x für einige x-Werte angegeben:

x	ln x	x	ln x
1	0,000	30	3,40
2	0,69	100	4,61
e	1,00	300	5,70
3	1,10	1000	6,91
10	2,30	3000	8,01

Mit Hilfe der Tabelle und der Regeln zur Handhabung der Logarithmen wählen Sie bitte die Antwort, die den folgenden Fragen jeweils am nächsten kommt:

$$\ln 6 = 2{,}2 \quad 3{,}1 \quad 6/e \quad 1{,}79$$
$$\ln(\sqrt{10}) = 1{,}15 \quad 2{,}35 \quad 2{,}25 \quad 1{,}10$$
$$\ln(300^3) = 126 \quad 185 \quad 17{,}10 \quad 3{,}41$$

Waren alle Antworten richtig, weiter nach |229| .
Bei mindestens einem Fehler weiter nach |228| .

|228| Ehe Sie einen Blick auf die Antworten werfen, vergewissern Sie sich, daß Sie die in |91| gegebenen Regeln zur Handhabung von Logarithmen beherrschen. Da diese Regeln für Logarithmen zu jeder beliebigen Basis gelten, treffen sie auch auf ln x zu.

$$\ln 6 = \ln(2 \times 3) = \ln 2 + \ln 3 = 0{,}69 + 1{,}10 = 1{,}79$$

$$\ln(\sqrt{10}) = \ln(10^{1/2}) = \frac{1}{2}\ln 10 = \frac{1}{2} \times 2{,}30 = 1{,}15$$

$$\ln(300^3) = 3 \ln 300 = 3 \times 5{,}70 = 17{,}10$$

Weiter nach |229| .

229 Im folgenden Diagramm ist ln x gegen x aufgetragen:

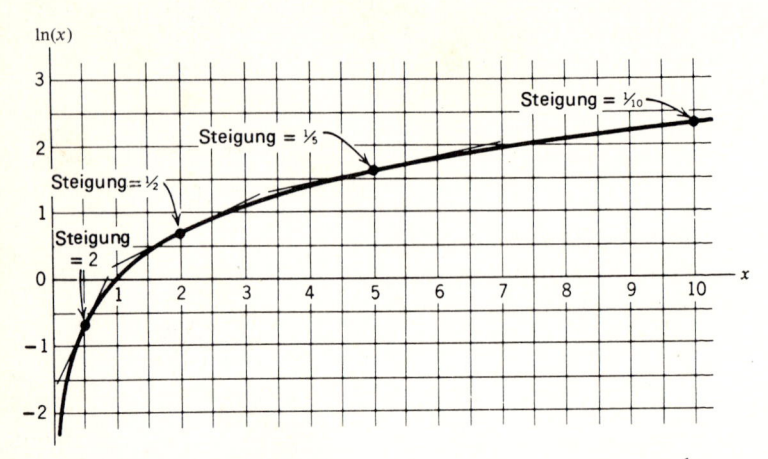

Die graphische Darstellung läßt die qualitativen Merkmale von $\frac{d}{dx} \ln x$ erkennen. Für kleine x-Werte ist die Ableitung groß, und für große x-Werte nähert sie sich 0. In der Abbildung oben sind in einigen Punkten Tangenten eingezeichnet, deren Steigungen in der folgenden Tabelle aufgeführt sind:

x	Steigung
1/2	2
2	1/2
5	1/5
10	1/10

Vielleicht können Sie die Formel für $\frac{d}{dx} \ln x$ erraten. Tragen Sie auf dem Querbalken unten ein:

$$\frac{d}{dx} \ln x = \dots\dots\dots\dots\dots\dots\dots\dots .$$

Den richtigen Ausdruck findet man in **230** *.*

Antworten **224** : 3,61

227 : 1,79, 1,15, 17,10

8. Das Differenzieren von Logarithmen und Exponenten

230 Die Formel für die Ableitung eines natürlichen Logarithmus lautet

$$\frac{d}{dx} \ln x = \frac{1}{x}$$

Wenn Sie dieses Resultat nicht erhalten haben, vergewissern Sie sich, daß es mit den numerischen Werten in der Tabelle, Lernschritt 229, übereinstimmt.

e ist als Basis für Logarithmen deshalb so nützlich, weil diese Zahl zu einem so einfachen Ausdruck führt. Die Relation oben wird in Anhang A9 abgeleitet. Sie ist so wichtig, daß man sie im Gedächtnis behalten muß.

Weiter nach 231.

---

231 Und nun diese Frage: Welcher der folgenden Ausdrücke ergibt $\frac{d}{dx}[\ln(x^2)]$?

$$2 \ln x \quad \frac{2}{x} \quad \frac{1}{x^2} \quad \frac{2}{x^2} \quad \frac{2}{x} \ln x$$

Wenn richtig, weiter nach 234.
Anderenfalls weiter nach 232.

---

232 Die Lösung der Aufgabe ist ziemlich einfach. Man könnte die Kettenregel verwenden. Wir wollen es jedoch auf eine andere Weise versuchen.

Da $\quad \ln(x^2) = 2 \ln x, \quad \frac{d}{dx} \ln(x^2) = \frac{d}{dx} 2 \ln x = \frac{2}{x}$,

Nunmehr können Sie sicher die folgende Aufgabe lösen:

$$\frac{d}{dx}(\ln x)^2 = \quad 2 \ln x \quad \frac{2 \ln x}{x} \quad \frac{2\pi}{\ln x} \quad \text{keines von diesen}$$

Wenn richtig, weiter nach 234.
Anderenfalls weiter nach 233.

---

233 $\frac{d}{dx}(\ln x)^2 = 2 \ln x \frac{d}{dx} \ln x = \frac{2 \ln x}{x}$

Weiter nach 234.

|234| Wir wissen zwar, wie man Logarithmen zur Basis e differenziert, aber wir haben noch keine Regel, nach der man Logarithmen zur Basis 10 differenziert. Diese Regel läßt sich jedoch leicht ableiten. In |223| war

$$\log_{10} x = \ln x \, \log_{10} e.$$

Aber $\log_{10} e$ ist eine Konstante; folglich ist

$$\frac{d}{dx} \log_{10} x = \left[\frac{d}{dx} \ln x \right] \log_{10} e = \frac{1}{x} \log_{10} e = \frac{0{,}4343}{x}$$

Weiter nach |235|.

|235| Setzen wir einiges hiervon in die Praxis um und lösen:

(a) $\dfrac{d \ln r}{dr} = \ldots\ldots\ldots\ldots\ldots\ldots\ldots\ldots$

(b) $\dfrac{d \ln 5z}{dz} = \ldots\ldots\ldots\ldots\ldots\ldots\ldots\ldots$

Die richtigen Antworten befinden sich in |236|.

|236| Die richtigen Antworten sind

(a) $\dfrac{1}{r}$ (b) $\dfrac{1}{z}$

Haben Sie beide Antworten richtig gefunden, so sind Sie gut mitgekommen und können nach |238| weitergehen. War eine der Antworten falsch,

weiter nach |237|.

Antworten |231| : $2/x$; |232| : $2 \ln x / x$

8. Das Differenzieren von Logarithmen und Exponenten

$\boxed{237}$ a) Es muß auf den ersten Blick deutlich gewesen sein, daß $\dfrac{d \ln r}{dr} = \dfrac{1}{r}$, da es keine Rolle spielt, ob die Variable r oder x heißt.

b) Am einfachsten finden Sie $\dfrac{d}{dz} \ln 5z$, wenn Sie sich erinnern, daß $\ln 5z = \ln 5 + \ln z$ ist. Somit ist

$$\frac{d}{dz} \ln 5z = \frac{d}{dz} \ln 5 + \frac{d}{dz} \ln z = 0 + \frac{1}{z} = \frac{1}{z}.$$

Weiter nach $\boxed{238}$.

$\boxed{238}$ Eine andere Form einer Funktion, die hier differenziert werden soll, ist

$$y = a^x \quad (a \text{ ist eine Konstante})$$

Wir verwenden das soeben bezüglich der Logarithmen Gelernte und bilden auf beiden Seiten des obigen Ausdrucks den natürlichen Logarithmus:

$$\ln y = \ln (a^x) = x \ln a.$$

Dann differenzieren wir beide Seiten dieser Gleichung nach x:

$$\frac{d}{dx} (\ln y) = \frac{dx}{dx} \ln a$$

$$\frac{1}{y} \frac{dy}{dx} = \ln a$$

$$\frac{dy}{dx} = y \ln a = a^x \ln a.$$

Daher ist

$$\frac{d}{dx} (a^x) = a^x \ln a.$$

Weiter nach $\boxed{239}$.

239 Im vorhergehenden Lernschritt fanden wir das wichtige Resultat

$$\frac{\mathrm{d}\,(a^x)}{\mathrm{d}x} = a^x \ln a$$

Ein besonders einfacher Fall liegt vor, wenn $a = \mathrm{e}$. Da als Folge der Definition des natürlichen Logarithmus' $\ln \mathrm{e} = 1$, ist

$$\boxed{\frac{\mathrm{d}\mathrm{e}^x}{\mathrm{d}x} = \mathrm{e}^x}$$

Können Sie mit Hilfe des obigen Resultats die Werte der folgenden Größen angeben?

(a) $\dfrac{\mathrm{d}\mathrm{e}^{cx}}{\mathrm{d}x} = $ ....

(b) $\dfrac{\mathrm{d}\mathrm{e}^{-x}}{\mathrm{d}x} = $ ....

Die Lösungen befinden sich in **240**.

---

240 Die Werte sind

(a) $\dfrac{\mathrm{d}\mathrm{e}^{cx}}{\mathrm{d}x} = c\mathrm{e}^{cx}$

und

(b) $\dfrac{\mathrm{d}\mathrm{e}^{-x}}{\mathrm{d}x} = -\mathrm{e}^{-x}$.

Waren beide Resultate korrekt, *weiter nach* **241**. Anderenfalls weiterlesen.

Resultat (a) erhält man, indem man $u = cx$ setzt und der üblichen Regel für die Funktion einer Funktion folgt (d. h. der Kettenregel, Lernschritt **194**). Daher ist

$$\frac{\mathrm{d}\mathrm{e}^{cx}}{\mathrm{d}x} = \frac{\mathrm{d}\mathrm{e}^u}{\mathrm{d}u}\,\frac{\mathrm{d}u}{\mathrm{d}x} = \mathrm{e}^u c = c\mathrm{e}^{cx}.$$

Resultat (b) ist ein Sonderfall von (a), wobei $c = -1$.
Weiter nach **241**.

8. Das Differenzieren von Logarithmen und Exponenten

241 Wenn $z = \dfrac{1}{\ln(x)}$, wie groß ist dann $\dfrac{dz}{dx}$?

Kreuzen Sie die richtige Antwort an:

$$\dfrac{1}{x \ln(x)} \quad \dfrac{-x}{(\ln x)^2} \quad \dfrac{-1}{x (\ln x)^2} \quad \dfrac{\ln x}{x^2}$$

Wenn richtig, weiter nach **243**.
Anderenfalls weiter nach **242**.

---

242 Wir finden die Ableitung von $\dfrac{1}{\ln(x)}$, indem wir die Kettenregel verwenden.

Es sei $u = \ln(x)$. Dann ist

$$\dfrac{d}{dx} \dfrac{1}{\ln(x)} = \dfrac{d}{dx}\left[\dfrac{1}{u}\right] = \dfrac{du^{-1}}{du} \dfrac{du}{dx} = -\dfrac{1}{u^2} \dfrac{1}{x}$$

$$= -\dfrac{1}{x (\ln x)^2}$$

Weiter nach **243**.

|243| Da in diesem Abschnitt mehrere Relationen eingeführt wurden, erscheint es ratsam, sie noch einmal übersichtlich zusammenzufassen, ehe wir im Stoff weitergehen. Sie sind in der Liste unten aufgeführt; die wichtigsten sind eingerahmt.

$$e = 2{,}71828....$$

$$\ln x = \log_e x$$

$$\ln x = 2{,}303 \log_{10} x$$

$$\boxed{\frac{d}{dx} \ln x = \frac{1}{x}}$$

$$\frac{d}{dx} (\log_{10} x) = \frac{0{,}4343}{x}$$

$$\frac{d}{dx} (a^x) = a^x \ln a$$

$$\boxed{\frac{d}{dx} e^x = e^x}$$

Weiter nach |244|.

|244| Wir haben gelernt, wie man die nützlichsten Funktionen differenziert. Der übrige Teil dieses Kapitels behandelt einzelne Themen, die mit dem Gebrauch von Ableitungen in Zusammenhang stehen. Mehr Übung im Differenzieren erhalten Sie in Aufgabe 34 bis 58, S. 277. Wenn Sie bereit sind,

weiter nach Abschnitt 9, Lernschritt |245|.

Antwort |241| : $\dfrac{-1}{x (\ln x)^2}$

Abschnitt 9. Ableitungen höherer Ordnung

245 Wir nehmen an, daß y von x abhängt und daß wir die Ableitung $\frac{dy}{dx}$ gebildet haben. Wenn wir als nächstes $\frac{dy}{dx}$ nach x differenzieren, so nennt man das Ergebnis die *zweite Ableitung* von y nach x und schreibt dafür $\frac{d^2y}{dx^2}$.

Können Sie die folgende Aufgabe lösen?

Wenn $y = 2x^3$, dann ist $\frac{d^2y}{dx^2} = $ $6x^2$ $12x$ 0 x^2 x .

Wenn richtig, weiter nach 248.
Wenn falsch, weiter nach 246.

---

246 Die Aufgabe in 245 ist auf folgende Weise zu lösen:

$y = 2x^3$

$\frac{dy}{dx} = 6x^2$

$\frac{d^2y}{dx^2} = \frac{d}{dx}\left(\frac{dy}{dx}\right) = \frac{d}{dx}(6x^2) = 12x$

Und nun versuchen Sie, die folgende Aufgabe zu lösen:

$y = x + \frac{1}{x}$

$\frac{d^2y}{dx^2} = $ $-\frac{1}{x^2}$ $\frac{1}{x}$ $+\frac{2}{x^3}$ keines von diesen

Wenn richtig, weiter nach 248.
Wenn falsch, weiter nach 247.

247 Die Lösung zu **246** ist wie folgt:

$$y = x + \frac{1}{x}$$

$$\frac{dy}{dx} = 1 - \frac{1}{x^2}$$

$$\frac{d^2y}{dx^2} = 0 - 1\left(\frac{-2}{x^3}\right) = \frac{2}{x^3}$$

Weiter nach **248**.

---

248 Ein Ihnen vielleicht schon bekanntes Beispiel einer zweiten Ableitung ist die *Beschleunigung*.

Die Geschwindigkeit ist das Verhältnis der Änderung des Ortes mit der Zeit.

$$v = \frac{dS}{dt}$$

Die *Beschleunigung*, a, ist das Verhältnis der Änderung der Geschwindigkeit mit der Zeit. Somit ist

$$a = \frac{dv}{dt}.$$

Daraus folgt, daß

$$a = \frac{d}{dt}\left(\frac{dS}{dt}\right) = \frac{d^2S}{dt^2}.$$

Weiter nach **249**.

Antworten **245** : $12x$; **246** : $2/x^3$

9. Ableitungen höherer Ordnung

249 Der Ort eines Teilchens sei durch

$S = A \sin \omega t$

gegeben. A und ω (Omega) sind Konstante.
Bestimmen Sie die Beschleunigung.

Antwort: 0 $A\omega \cos \omega t$ $(A\omega \cos \omega t)^2$ $-A\omega^2 \sin \omega t$.

Wenn richtig, weiter nach **251**.
Wenn falsch, weiter nach **250**.

---

250 Die Beschleunigung ist $\dfrac{d^2 S}{dt^2} = \dfrac{d^2}{dt^2}(A \sin \omega t)$

$\dfrac{dS}{dt} = \dfrac{d}{dt} A \sin \omega t = A \omega \cos \omega t$ (vgl. Lernschritt **218**)

$\dfrac{d^2 S}{dt^2} = \dfrac{d}{dt}\left(\dfrac{dS}{dt}\right) = \dfrac{d}{dt} A \omega \cos \omega t = -A \omega^2 \sin \omega t.$

Weiter nach **251**.

251   Wie Sie sehen, gibt es bei einer zweiten Ableitung nichts wirklich Neues festzustellen.

Wir können tatsächlich Ableitungen beliebiger Ordnung definieren. $\dfrac{d^n f}{dx^n}$ ist die n-te Ableitung von f nach x. Lösen Sie die folgende Aufgabe:

Angenommen, es sei $y = x^4$. Dann ist

$$\frac{d^4 y}{dx^4} = x^{16} \quad 4x^4 \quad 0 \quad 64 \quad 4 \times 3 \times 2 \times 1$$

Weiter nach **252** .

252
$$\frac{d^4}{dx^4}(x^4) = \frac{d}{dx}\left\{\frac{d}{dx}\left[\frac{d}{dx}\left(\frac{d}{dx}x^4\right)\right]\right\}$$
$$= \frac{d^3}{dx^3}\,4x^3 = \frac{d^2}{dx^2}\,4\times 3\,x^2 = \frac{d}{dx}\,4\times 3\times 2\,x$$
$$= 4 \times 3 \times 2 \times 1$$

Dieses Ergebnis läßt sich leicht verallgemeinern:

$$\frac{d^n}{dx^n}x^n = n \times (n-1) \times (n-2) \times \ldots \ldots 1$$
$$= n!$$

($n!$ heißt n Fakultät und bedeutet $n \times (n-1) \times (n-2) \ldots \ldots 1$.)

Zur weiteren Übung im Umgang mit Ableitungen höherer Ordnung s. Aufgabe 59 bis 63, S. 278.

Weiter nach Abschnitt 10, Lernschritt **253** .

Antwort **249** : $-A\omega^2 \sin \omega t$

Abschnitt 10. Maxima und Minima

253 Da wir nun einfache Funktionen differenzieren können, wollen wir unser Wissen anzuwenden versuchen. Angenommen, wir suchen den Wert von x und y, in dem

$$y = f(x)$$

einen Minimal- oder einen Maximalwert hat. Am Ende dieses Abschnitts werden wir wissen, wie man diese Aufgabe löst.

Weiter nach 254 .

---

254 Die Abbildung zeigt die graphische Darstellung einer Funktion. In welchem der eingetragenen Punkte hat y einen *Minimal*wert?

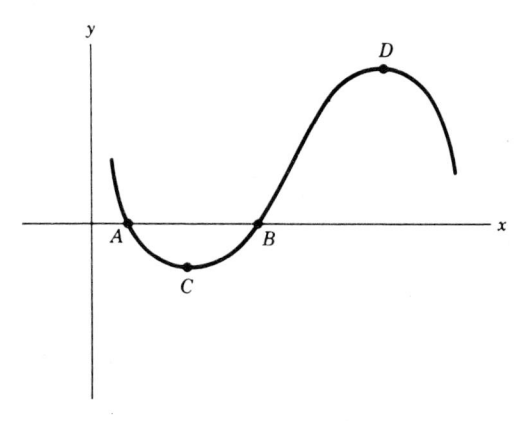

    A B C D A und B C und D

Wenn richtig, weiter nach 256 .
Wenn falsch, weiter nach 255 .

255 Der Minimalwert von *y* liegt in Punkt *C*, da *y* im Punkt *C* seinen kleinsten Wert hat; das gilt zumindest für den unten dargestellten Wertbereich von *x* und *y*.

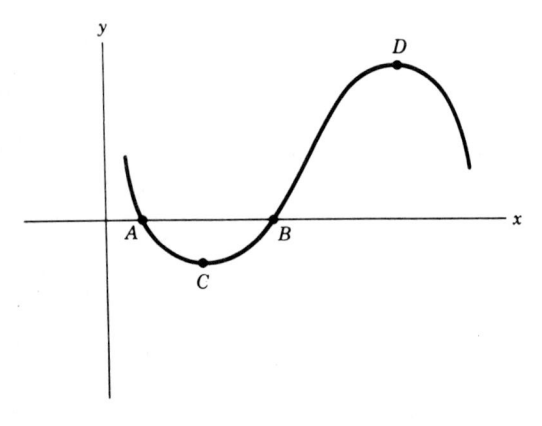

In *A* und *B* hat *y* den Wert 0; das hat aber nichts damit zu tun, ob *y* dort einen Minimalwert hat oder nicht.

Punkt *D* stellt einen *Maximal*wert von *y* dar.

Weiter nach 256 .

Antworten 251 : 4 x 3 x 2 x 1
Antwort 254 : *C*

10. Maxima und Minima

256 Wir haben festgestellt, daß Punkt C im Vergleich zu den umliegenden Werten einem Minimalwert von y entspricht; in ähnlicher Weise entspricht D einem Maximalwert.

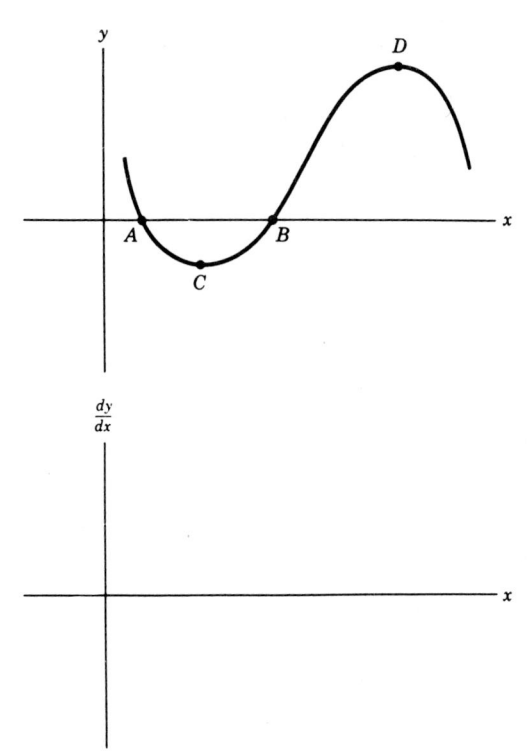

Zwischen den Punkten des Maximal- oder Minimalwertes von y und dem Wert der Ableitung in diesen Punkten besteht ein interessanter Zusammenhang. Um diesen leichter zu erkennen, skizzieren Sie in dem dafür vorgesehenen Schema ein Diagramm der Ableitung der dargestellten Funktion.

Zur Kontrolle der Skizze

weiter nach 257.

257 Ihre Skizze soll mit der unten gezeigten übereinstimmen. Beachten Sie, daß die Ableitung in den Punkten C und D Null, zwischen C und D positiv und an allen anderen Stellen negativ ist.

Wenn Ihre Skizze wesentlich von der unten abweicht, wiederholen Sie Abschnitt 4 dieses Kapitels, und gehen Sie erst dann weiter.

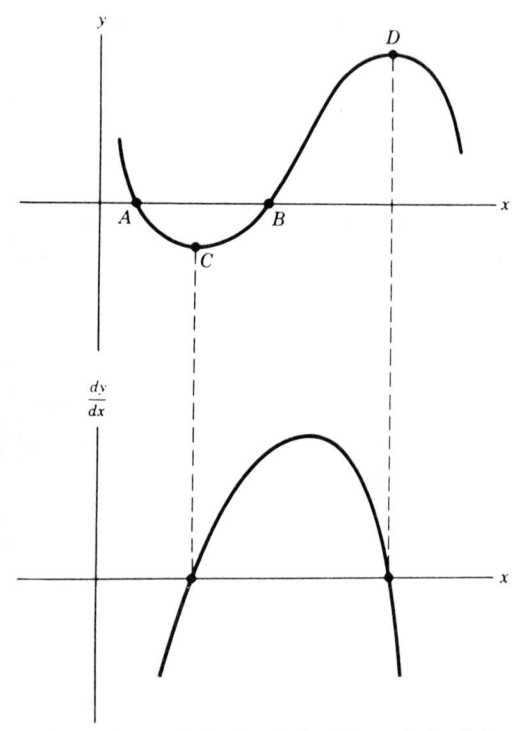

Anhand dieses einfachen Beispiels muß die folgende Aussage überzeugen:

Wenn $f(x)$ für irgendeinen x-Wert ein Maximum oder Minimum annimmt, dann ist die Ableitung $\frac{df}{dx}$ für dieses x Null.

Um festzustellen, ob es sich um ein Maximum *oder* Minimum handelt, stellt man einige umliegende Punkte graphisch dar; (es gibt aber eine noch einfachere Methode, die wir demnächst kennenlernen werden.)

Weiter nach **258** .

10. Maxima und Minima

258 Die folgende Aufgabe dient zur Selbstkontrolle:

Suchen Sie den x-Wert, für den die folgende Funktion einen Minimalwert hat.

$$f(x) = x^2 + 6x$$

−6   −3   0   +3   keiner von diesen

Wenn richtig, weiter nach 261 *.*
Wenn falsch, weiter nach 259 *.*

---

259 Die Aufgabe ist auf folgende Weise zu lösen:

Das Maximum oder Minimum tritt in dem Punkt auf, in dem x die Gleichung $\dfrac{df(x)}{dx} = 0$ erfüllt.

$$f(x) = x^2 + 6x \qquad \frac{df(x)}{dx} = 2x + 6$$

Die Gleichung für den x-Wert im Maximum oder Minimum lautet daher

$$2x + 6 = 0 \text{ oder } x = -3.$$

Nun eine weitere Aufgabe:

Für welche x-Werte hat das folgende $f(x)$ einen Maximal- oder Minimalwert?

$$f(x) = 8x + \frac{2}{x}$$

1/4   −1/4   −4   2 und −4   1/2 und −1/2

Bei richtiger Antwort weiter nach 261 *.*
Bei falscher Antwort weiter nach 260 *.*

260 Die Aufgabe in **259** kann wie folgt gelöst werden:
Am Ort des Maximums oder Minimums ist $\frac{d}{dx} f(x) = 0$. Da

$$f(x) = 8x + \frac{2}{x}, \quad \frac{d}{dx} f(x) = 8 - \frac{2}{x^2}.$$

Die gewünschten Punkte erhält man aus

$$8 - \frac{2}{x^2} = 0 \text{ oder } x^2 = \frac{2}{8} = \frac{1}{4}.$$

Somit hat $f(x)$ in $x = +1/2$ und $x = -1/2$ einen Maximal- oder Minimalwert. Das in der Abbildung gezeigte Diagramm von $f(x)$ macht deutlich, daß in $x = -1/2$ ein Maximum und in $x = +1/2$ ein Minimum vorliegt.

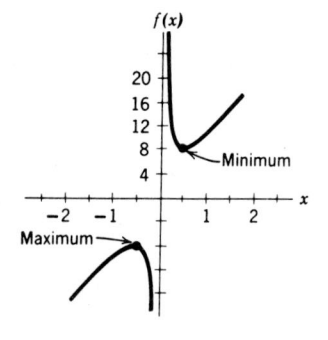

Außerdem läßt die Zeichnung erkennen, daß das Minimum über dem Maximum liegt. Das ist keineswegs paradox, da wir es mit lokalen Minima oder Maxima zu tun haben – gemeint ist damit, daß es sich um den Minimal- oder Maximalwert einer Funktion in einem kleinen Bereich handelt.

Weiter nach **261**.

Antworten **258** : -3; **259** : $1/2$ und $-1/2$

10. Maxima und Minima

261 Wir haben früher erwähnt, daß es eine einfache Methode gibt, mit der man feststellen kann, ob $f(x)$ einen Maximal- oder einen Minimalwert hat, wenn $\dfrac{df(x)}{dx} = 0$. Versuchen wir, diese Methode zu finden, indem wir einige Graphen zeichnen!

Wir sehen unten die graphischen Darstellungen von zwei Funktionen. Links hat $f(x)$ im gezeigten Bereich einen Maximalwert. Rechts hat $g(x)$ einen Minimalwert. In den dafür vorgesehenen Schemen skizzieren Sie bitte die Ableitungen von $f(x)$ und $g(x)$.

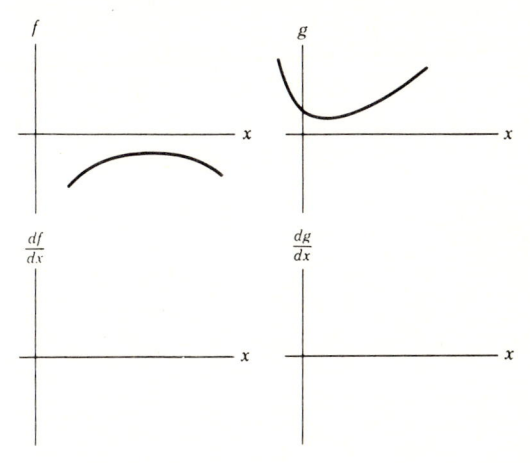

Wiederholen wir nun den Vorgang noch einmal! Skizzieren Sie die *zweite* Ableitung der beiden Funktionen (d. h. skizzieren Sie die Ableitungen der neuen, soeben gezeichneten Funktionen).

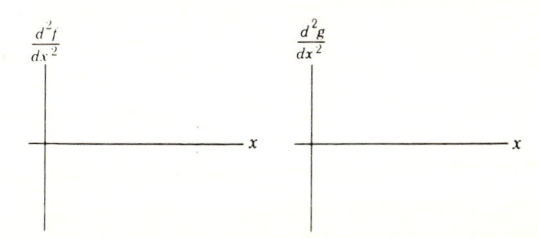

Können Sie anhand dieser Skizzen darauf schließen, wie man feststellt, ob die Funktion einen Maximal- oder einen Minimalwert hat, wenn ihre Ableitung 0 ist? Ob es Ihnen gelingt oder nicht,

weiter nach **262** .

262 Die Skizzen sollen den folgenden annähernd ähnlich sehen.

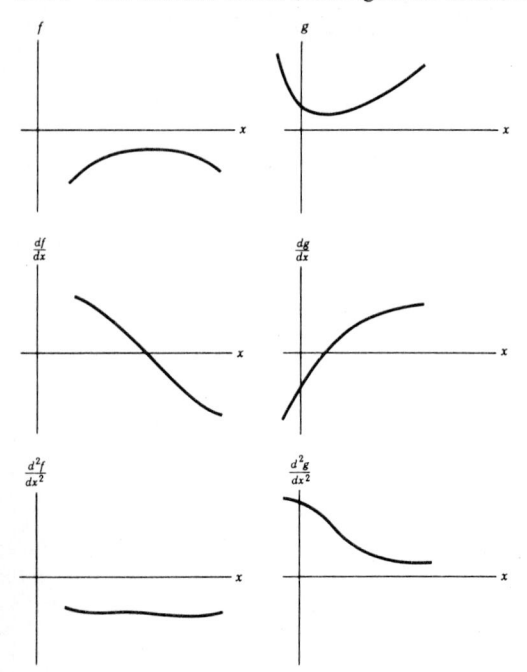

Anhand dieser Zeichnungen muß deutlich werden, daß im Fall von

$$\frac{df}{dx} = 0$$

$f(x)$ einen *Maximal*wert hat, wenn $\frac{d^2 f}{dx^2} < 0$ und

$f(x)$ einen *Minimal*wert hat, wenn $\frac{d^2 f}{dx^2} > 0$.

(Wenn $\frac{d^2 f}{dx^2} = 0$, ist dieser Test unwirksam, und wir müssen weitersehen.)

Sollten Sie noch nicht überzeugt sein, kehren Sie zurück nach Abschnitt 4 und skizzieren Sie die zweiten Ableitungen von einigen der in 164 , 166 oder 168 [Aufgaben (c) oder (d)] gezeigten Funktionen. Dabei können Sie sich vergewissern, daß die Regel vernünftig ist. Wenn Sie bereit sind,

weiter nach 263 .

10. Maxima und Minima

263 Eine letzte Übungsaufgabe, ehe wir zu einem anderen Thema übergehen. Betrachten Sie $f(x) = e^{-x^2}$. Suchen Sie den x-Wert, für den $f(x)$ einen Maximal- oder Minimalwert hat, und bestimmen Sie diesen.

Antwort: ....

Zur Kontrolle der Antwort weiter nach **264**.

---

264 Versuchen wir, die Aufgabe zu lösen:

$f(x) = e^{-x^2}$. Indem wir die Kettenregel verwenden, erhalten wir

$$\frac{df}{dx} = -2x\, e^{-x^2}.$$

Das Maximum oder Minimum tritt bei einem x-Wert auf, der durch

$$-2x\, e^{-x^2} = 0 \quad \text{oder } x = 0$$

gegeben ist. Hier verwenden wir nun die Produktregel (Lernschritt **189**) und erhalten

$$\frac{d^2 f}{dx^2} = -2\, e^{-x^2} + 4x^2\, e^{-x^2} = (-2 + 4x^2)\, e^{-x^2}.$$

In $x = 0$, $\frac{d^2 f}{dx^2} = (-2 + 4 \times 0) \times 1 = -2$. Da an der Stelle $x = 0$, an der $\frac{df}{dx} = 0$ ist, die zweite Ableitung $\frac{d^2 f}{dx^2}$ negativ ist, hat $f(x)$ dort ein *Maximum*.

Vorsichtshalber sei gesagt: wenn man eine Ableitung, z. B. df/dx, in irgendeinem x-Wert, $x = a$, berechnet, muß man immer zuerst $f(x)$ differenzieren und dann $x = a$ einsetzen. Wenn man den Vorgang umkehrt und zuerst $f(a)$ berechnet und dann zu differenzieren versucht, so wird das Ergebnis einfach 0 sein, da $f(a)$ eine Konstante ist. Ähnliche Vorsicht gilt bei Ableitungen höherer Ordnung.

Weiter zum nächsten Abschnitt, Lernschritt **265**.

Abschnitt 11. Differentiale

265

Bisher haben wir die Ableitung mit dem Symbol dy/dx bezeichnet. Obwohl das ein einziges Symbol ist, das $\lim_{\Delta x \to 0} \frac{\Delta y}{\Delta x}$ darstellt, erweckt die Schreibweise den Eindruck, daß die Ableitung das Verhältnis von zwei Größen, dy und dx, ist. Das ist tatsächlich der Fall. Die neuen Größen, die wir nun einführen, heißen Differentiale; sie werden im nächsten Lernschritt definiert.

Weiter nach 266.

266

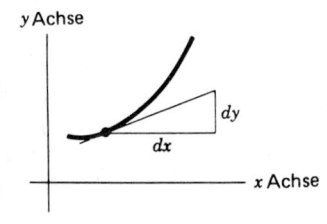

Angenommen, es sei x eine unabhängige Variable und $y = f(x)$. Das *Differential* dx von x wird dann als gleich jedem Zuwachs, $x_2 - x_1$, definiert, wobei x_1 der entscheidende Punkt ist. Das Differential dx kann nach Belieben positiv oder negativ, groß oder klein sein. Wir sehen, daß dx, ebenso wie x, als eine unabhängige Variable betrachtet werden kann. Das Differential dy wird durch die folgende Regel definiert.

$$dy = \left[\frac{dy}{dx}\right] dx,$$

wobei $\left[\dfrac{dy}{dx}\right]$ die Ableitung von y nach x ist.

Weiter nach 267.

---

267 Obwohl die Ableitung dy/dx ihrer Bedeutung nach $\lim_{\Delta x \to 0} \frac{\Delta y}{\Delta x}$ ist, geht aus dem letzten Lernschritt hervor, daß wir sie nun auch als das Verhältnis der Differentiale dy und dx verstehen können, wobei dx irgendeinen Zuwachs von x darstellt und dy durch die Regel $dy = \left[\dfrac{dy}{dx}\right] dx$ definiert ist.

Weiter nach 268.

11. Differentiale

268

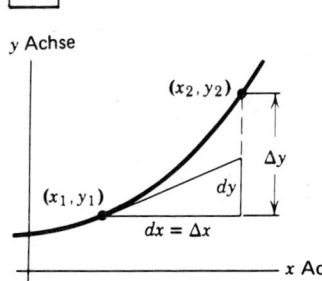

Es ist wichtig, daß man nicht dy mit Δy verwechselt. Wie in 136 hervorgehoben wurde, stellt Δy die Differenz
$y_2 - y_1 = f(x_2) = f(x_1)$ dar, wobei x_2 und x_1 zwei gegebene x-Werte sind. Sowohl dx als auch Δx ($= x_2 - x_1$) sind willkürliche Intervalle; man nennt dx ein *Differential* von x und Δx einen Zuwachs von x; ihre Bedeutung ist in diesem Fall jedoch ähnlich.
Das Diagramm soll zeigen, daß dy und Δy verschiedene Größen sind. Wir haben hier d$x = \Delta x$ gesetzt. Das Differential dy ist dann $\left| \dfrac{\mathrm{d}y}{\mathrm{d}x} \right|$ dx, während der Zuwachs Δy durch $y_2 - y_1$ gegeben ist. In diesem Fall ist klar, daß dy nicht dasselbe wie Δy ist.

Weiter nach 269.

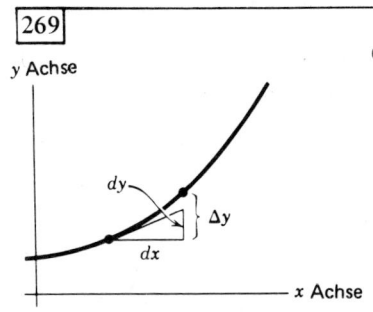

269

Obwohl dy und Δy verschieden sind, geht aus der Abbildung hervor, daß bei genügend kleinem dx (mit d$x = \Delta x$) dy sehr nahe bei Δy liegt. Symbolisch können wir das als

$$\lim_{\mathrm{d}x = \Delta x \to 0} \frac{\mathrm{d}y}{\Delta y} = 1$$

schreiben. Wenn wir daher den Grenzwert an der Stelle d$x \to 0$ bilden wollen, können wir dy durch Δy ersetzen. Auch wenn wir den Grenzwert nicht bilden, ist dy fast dasselbe wie Δy, vorausgesetzt, daß dx hinreichend klein ist. Infolgedessen gebrauchen wir dy und Δy oft synonym, wenn feststeht, daß der Grenzwert gebildet wird oder das Resultat eine Näherung sein kann.

Weiter nach 270.

| 270 | Die verschiedenen Ausdrücke, die früher für Ableitungen gegeben wurden, können wir jetzt in Differentialform neu schreiben. So ist, wenn $y = x^n$,

$$dy = d(x^n) = \frac{d(x^n)}{dx} dx = nx^{n-1} dx.$$

Lösen Sie die folgenden Aufgaben:

$$d(\sin x) = \quad -\sin x\, dx \quad -\sin x \quad -\cos x\, dx \quad \cos x\, dx$$

$$d(1/x) = \quad dx/x^2 \quad -dx/x^2 \quad -dx/x$$

$$d(e^x) = \quad x\, e^x\, dx \quad dx \quad e^x\, dx \quad dx/e^x$$

Bei mindestens einem Fehler weiter nach | 271 |.
Anderenfalls weiter nach | 272 |.

| 271 | Im Folgenden sind die Lösungen zu den Aufgaben in | 270 | aufgeführt. Die Nummer des Lernschritts, in dem die jeweilige Ableitung diskutiert wird, ist in Klammern angegeben.

$$d(\sin x) = \left[\frac{d \sin x}{dx}\right] dx = \cos x\, dx \quad (\text{vgl. } \boxed{211})$$

$$d(1/x) = \left[\frac{d}{dx}\left(\frac{1}{x}\right)\right] dx = -dx/x^2 \quad (\text{vgl. } \boxed{180})$$

$$d(e^x) = \left[\frac{d}{dx} e^x\right] dx = e^x\, dx \quad (\text{vgl. } \boxed{239})$$

Weiter nach | 272 |.

11. Differentiale

272 Wir geben ein Beispiel für die Verwendung eines Differentials. Das Diagramm zeigt die Oberfläche einer runden Scheibe, um die ein schmaler Rand gezeichnet ist. Angenommen, wir suchen einen Näherungswert für die Fläche des Randes.

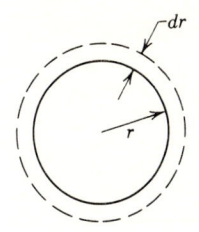

$$dA = \left[\frac{dA}{dr}\right] dr = \frac{d}{dr}(\pi r^2)\, dr = 2\pi r\, dr.$$

Weiter nach 273.

---

273 Das vorhergehende Beispiel kann auch exakt gelöst werden, indem man die Differenz der beiden Flächen bildet:

$$\Delta A = \pi (r + \Delta r)^2 - \pi r^2 = 2\pi r\, \Delta r + \pi \Delta r^2$$

Wenn Δr im Vergleich zu r klein ist, können wir den letzten Ausdruck vernachlässigen und erhalten

$$\Delta A = 2\pi r\, \Delta r.$$

Wenn wir $\Delta r = dr$ setzen und annehmen, daß beide klein sind, was wir aus 269 wissen, dann ist

$$dA = \Delta A = 2\pi r\, dr.$$

Diese Resultate lassen sich auch intuitiv beweisen. Da der Rand schmal ist, ist seine Fläche dA näherungsweise die Länge $2\pi r$ multipliziert mit seiner Breite dr. Somit ist

$$dA = 2\pi r\, dr.$$

Weiter nach 274.

274 Differentiale sind praktisch, wenn man einige wichtige Regeln der Differentiation im Gedächtnis behalten will. Beispielsweise ist die Kettenregel

$$\frac{dw}{dx} = \frac{dw}{du}\frac{du}{dx}$$

beinahe eine Identität, wenn wir dw, du und dx wie Differentiale behandeln. In Wirklichkeit ist es nicht klar, ob wir das tun können, da sowohl w als auch u von einer dritten Größe x abhängen. Die Verwendung von Differentialen, um damit die Kettenregel zu erhalten, wird in Anhang A10 gerechtfertigt.

Weiter nach **275**.

---

275 Wir geben noch eine andere Relation an, die man mit Hilfe von Differentialen leicht behalten kann, obwohl der eigentliche Beweis eine weitere Erklärung verlangt:

$$\frac{dx}{dy} = 1 \bigg/ \left[\frac{dy}{dx}\right]$$

Auf Grund dieser praktischen Regel können wir die Rolle der abhängigen und unabhängigen Variablen umkehren; sie gilt jedoch nur unter gewissen Bedingungen. Weitere Erklärungen findet man in Anhang A11.

Weiter nach Abschnitt 12, Lernschritt **276**.

Antworten **270** : $\cos x \, dx$, $-\dfrac{dx}{x^2}$, $e^x \, dx$

Abschnitt 12. Eine kurze Übersicht und einige Übungsaufgaben

$\boxed{276}$ Beenden wir dieses Kapitel damit, daß wir einige der im Lauf dieses Kapitels eingeführten Begriffe wiederholen und die Differentialrechnung bei einigen Aufgaben anwenden, die sich mit der Geschwindigkeit befassen.

Weiter nach $\boxed{277}$.

$\boxed{277}$ Sie können sich hoffentlich daran erinnern, daß man das Verhältnis, in dem sich der Ort eines sich bewegenden Punktes mit der Zeit ändert, die Geschwindigkeit nennt.

Mit anderen Worten: Wenn Ort und Zeit durch eine Funktion S miteinander verknüpft sind, so finden wir die Geschwindigkeit, indem wir $S(t)$ nach der ....

Weiter nach $\boxed{278}$.

$\boxed{278}$ Sie sollten schreiben:

Mit anderen Worten: Wenn Ort und Zeit durch eine Funktion S miteinander verknüpft sind, so finden wir die Geschwindigkeit, indem wir $S(t)$ nach der *Zeit* (oder *t*) *differenzieren.*

Weiter nach $\boxed{279}$.

$\boxed{279}$ Können Sie diese Aufgabe lösen?

Der Ort eines Teilchens entlang einer Geraden ist durch den folgenden Ausdruck gegeben:

$S = A \sin \omega t$. A und ω (Omega) sind Konstante.

Bestimmen Sie die Geschwindigkeit des Teilchens.

$v = $ ....

Die Antwort befindet sich in $\boxed{280}$.

280

Die Antwort muß lauten:

$$v = A \omega \cos \omega t.$$

Bei richtiger Antwort weiter nach 283 . Anderenfalls lesen Sie bitte weiter.

Die Aufgabe besteht darin, die Geschwindigkeit zu finden, die das Verhältnis der Änderung des Ortes mit der Zeit ist. In dieser Aufgabe ist der Ort $S = A \sin \omega t$.

$$v = \frac{dS}{dt} = \frac{d}{dt}(A \sin \omega t) = A \omega \cos \omega t$$

(Wenn Sie sich bei dieser Entwicklung nicht sicher fühlen, s. 218 .)

Können Sie die folgende Aufgabe lösen?

$S = A \sin \omega t + B \cos 2 \omega t$. v ist zu bestimmen.

$v = $ ....

Die Lösung findet man in 281 .

281

$$v = \frac{d}{dt}(A \sin \omega t + B \cos 2 \omega t)$$

$$= A\omega \cos \omega t - 2 B\omega \sin 2\omega t$$

Haben Sie diese Lösung gefunden, weiter nach 283 . Wenn nicht, wiederholen Sie 219 und lesen Sie dann hier weiter.

Zur Übung noch diese Aufgabe: Der Ort eines Punktes ist durch

$$S = A \sin \omega t \cos \omega t$$

gegeben. Stellen Sie seine Geschwindigkeit fest.

$v = $ ....

282 *enthält die Lösung.*

12. Eine kurze Übersicht und einige Übungsaufgaben

282 Wir zeigen, wie die Aufgabe in **281** zu lösen ist.

$$v = \frac{dS}{dt} = \frac{d}{dt}(A \sin \omega t \cos \omega t)$$

$$= A \sin \omega t \frac{d}{dt} \cos \omega t + A \left(\frac{d}{dt} \sin \omega t\right) \cos \omega t$$

$$= -A\omega \sin^2 \omega t + A\omega \cos^2 \omega t$$

$$= A\omega (\cos^2 \omega t - \sin^2 \omega t)$$

Als anderen Weg zur Lösung beachten Sie, daß $\sin \omega t \cos \omega t = 1/2$ $(\sin 2 \omega t)$ (s. **71**). Dann ist $v = \frac{d}{dt} \frac{A}{2} \sin 2 \omega t$. Wenn möglich zeigen Sie, daß dieser Lösungsweg zu demselben Resultat wie oben führt. *Weiter nach* **283**.

---

283 Angenommen, die Höhe, in der sich ein Ball über dem Boden befindet, sei durch $y = a + bt + ct^2$ gegeben, wobei a, b, c Konstante sind. (Wir verwenden hier y anstelle von S, um den Ort zu bezeichnen. Es spielt keine Rolle, wie wir die Variable nennen. Dieser Typ einer Gleichung beschreibt die Höhe eines frei fallenden Körpers.)

Man stelle die Geschwindigkeit in der y-Richtung fest.

$v = $ ....

Für die richtige Antwort weiter nach **284**.

| 284 | Die Lösung der Aufgabe in | 283 | ist:

$$v = \frac{dy}{dt} = \frac{d}{dt}(a + bt + ct^2) = b + 2ct.$$

Bei richtigem Ergebnis weiter nach | 286 |. Anderenfalls lösen Sie die Aufgabe unten.

Es sei $S = \dfrac{e}{t^2} + bt$. (e und b sind Konstante.)

Bestimmen Sie die Geschwindigkeit.

$v = $ ....

Die Lösung befindet sich in | 285 |.

| 285 | $\quad v = \dfrac{dS}{dt} = \dfrac{d}{dt}\left(\dfrac{e}{t^2} + bt\right) = \dfrac{-2e}{t^3} + b$

Wenn Ihnen diese Aufgabe Schwierigkeiten bereitet hat, wiederholen Sie den Anfang dieses Abschnitts und gehen Sie erst dann weiter.

Anderenfalls weiter nach | 286 |.

286 Wir stellen jetzt eine etwas schwierigere Aufgabe, die Ihnen vielleicht Freude macht. (Wenn Sie keine Lust dazu haben, weiter nach 288.)

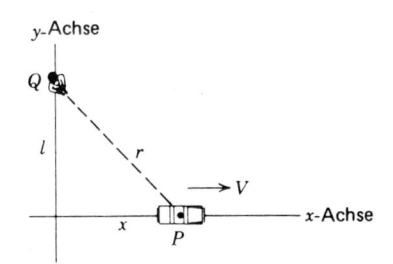

Ein Auto P fährt mit einer konstanten Geschwindigkeit V auf einer Straße in der x-Richtung. Die Aufgabe besteht darin, herauszufinden, wie schnell es sich von einem Mann entfernt, der laut Abbildung in Punkt Q, in einer Entfernung l zur Straße steht. Mit anderen Worten: Wenn r die Entfernung zwischen Q und P ist, wie groß ist dann dr/dt?

(Hinweis: Sehr nützlich ist hier die Kettenregel in der Form $\dfrac{dr}{dt} = \dfrac{dr}{dx}\dfrac{dx}{dt}$.)

$$\frac{dr}{dt} = \ldots\ldots\ldots\ldots\ldots\ldots\ldots\ldots\ldots\ldots\ldots\ldots\ldots .$$

Nach Ausarbeitung dieser Aufgabe weiter nach 287.

287 Aus dem Diagramm in **286** geht hervor, daß

$$r^2 = x^2 + l^2, r = (x^2 + l^2)^{1/2}$$

Wir müssen dr/dt finden und können das auf die folgende Weise:

$$\frac{dr}{dt} = \frac{dr}{dx}\frac{dx}{dt} = \frac{d}{dx}(x^2 + l^2)^{1/2}\frac{dx}{dt}$$

$$= \frac{1}{2}\frac{2x}{(x^2 + l^2)^{1/2}} \times \frac{dx}{dt}$$

$$= V \times \frac{x}{(x^2 + l^2)^{1/2}}.$$

Bei dem letzten Schritt haben wir $V = dx/dt$ verwendet.

Weiter nach Abschnitt 13, Lernschritt **288** *.*

Abschnitt 13. Zusammenfassung von Kapitel II

|288| Hiermit ist unsere Untersuchung der Differentialrechnung zunächst abgeschlossen. Es wäre nicht erstaunlich, wenn Sie die Fülle des Stoffs etwas irritiert hat. Wenn dies der Fall ist, brauchen Sie sich keine Sorgen zu machen. Die Methoden werden sehr viel einfacher, sobald man sie in die Tat umsetzt. Viele Beweise, die im Text nicht durchgeführt wurden, sind in Anhang A dargestellt. Vielleicht stellt es Sie zufrieden, wenn Sie diese dort durcharbeiten.

In diesem Kapitel haben wir nur die Differentiation von Funktionen einer einzigen Variablen diskutiert. Es ist nicht schwierig, die Begriffe auf Funktionen von mehreren Variablen auszudehnen. Die Methode, nach der dies geschieht, ist als *partielle Differentiation* bekannt. Wenn Sie dieses Thema interessiert, s. Anhang B2. In Zusammenhang damit steht die *implizite Differentiation*, die in Anhang B3 erklärt wird. Diese Methode betrifft die Differentiation von Funktionen, die nicht in der Normalform $y = f(x)$ geschrieben sind. In Anhang B4 wird gezeigt, wie man inverse trigonometrische Funktionen differenziert.

Alle wichtigen Resultate dieses Kapitels sind in Kapitel IV zusammengefaßt. Jetzt wird Ihnen ein schneller Rückblick sehr gelegen sein. Zusätzlich finden Sie am Ende des Buches in Tab. 1 eine Liste, in der wichtige Ableitungen angegeben sind.

Zur Übung erinnern wir an die Übersichtsaufgaben S. 275 f. Sind wir für Weiteres bereit? Wir holen tief Luft und beginnen Kapitel III.

Kapitel III

Die Integralrechnung

Abschnitt 1. Das unbestimmte Integral

|289| In diesem Kapitel beschäftigen wir uns mit dem zweiten Teil der Analysis – der Integralrechnung. Integration ist grundsätzlich das Gegenteil der Differentiation; die Ableitung ist gegeben, und wir müssen die Funktion finden. Wenn uns beispielsweise eine Funktion f gegeben ist, so sollen wir eine andere Funktion F finden, für die
$\frac{dF(x)}{dx} = f(x)$ ist.

Die Integration hat viele Anwendungen. Es gibt z. B. Aufgaben, bei denen wir Gleichungen mit Ableitungen erhalten. Um diese Gleichungen zu lösen, ist Integration erforderlich. Mit Hilfe der Integration können wir sowohl die Fläche zwischen Kurven als auch das Volumen von festen Körpern berechnen, deren Ränder sich durch Gleichungen ausdrücken lassen. Für diese beiden letzten Anwendungen werden wir im weiteren Verlauf dieses Kapitels einige Beispiele bringen. Zum Ausgangspunkt

weiter nach |290|.

Wir geben ein einfaches Beispiel, das den Sinn der Integration ndlich machen soll.

en Sie eine Funktion F, deren Ableitung x^2 ist.

$'(x) = \ldots\ldots\ldots\ldots\ldots\ldots\ldots\ldots\ldots\ldots\ldots$

Die Antwort befindet sich in |291|.

| 291 | Die richtige Antwort lautet

$$F(x) = \frac{1}{3}x^3 + c.$$

c kann irgendeine Konstante sein; d. h., daß c eine *willkürliche* Konstante ist. (Natürlich kann man für die Konstante jedes beliebige Symbol verwenden. In diesem Kapitel wird aber eine Konstante durch c dargestellt.) Wenn Ihnen die richtige Antwort geglückt ist und wenn Sie sogar daran gedacht haben, die willkürliche Konstante einzusetzen, so verdienen Sie ein zweifaches Lob!

Wenn man sicher sein will, daß diese Funktion die Forderungen erfüllt, muß man sie nur differenzieren.

$$\frac{dF}{dx} = \frac{d}{dx}\left[\frac{1}{3}x^3\right] + \frac{d}{dx}(c) = x^2 + 0 = x^2$$

Und nun die folgende Aufgabe: Suchen Sie eine Funktion G, deren Ableitung $x + x^2$ ist.

$G(x) = \ldots\ldots\ldots\ldots\ldots\ldots\ldots\ldots\ldots\ldots\ldots$

Die richtige Antwort finden Sie in | 292 |.

| 292 | Als Antwort war zu schreiben

$$G(x) = \frac{1}{2}x^2 + \frac{1}{3}x^3 + c, \text{ wobei } c \text{ irgendeine Konstante ist.}$$

Auch hier können wir durch Differentiation sicherstellen, daß dies die richtige Antwort ist.

Wie verlangt, ist

$$\frac{dG}{dx} = \frac{d}{dx}\left[\frac{1}{2}x^2 + \frac{1}{3}x^3 + c\right] = x + x^2.$$

Weiter nach | 293 |.

1. Das unbestimmte Integral

293 Wir wollen unsere Untersuchung etwas präzisieren.

Angenommen, es sei $\dfrac{dF(x)}{dx} = f(x)$.

Man nennt dann $F(x)$ das *unbestimmte Integral* von $f(x)$. Symbolisch schreibt man diese Aussage in der Form:

$$F(x) = \int f(x)\,dx.$$

Wir lesen dann „$F(x)$ ist gleich dem unbestimmten Integral von $f(x)$". Das Symbol $\int$ wird das Integralzeichen genannt. Manchmal schreiben wir aber auch ʃ, was nicht mit dem Buchstaben f oder S verwechselt werden darf.

Wir werden demnächst sehen, daß diese Bezeichnungsweise wirklich nützlich ist, auch wenn sie im Augenblick etwas rätselhaft anmutet. Nebenbei sei erwähnt, daß die im Integral auftretende Größe dx wie ein Differential aussieht; wir werden sehr bald zeigen, daß es sich wirklich um ein Differential handelt. Zunächst aber ist es nur ein Teil des Symbols.

Die Funktion, die integriert wird, heißt der *Integrand*. Im obigen Beispiel ist der Integrand $f(x)$.

Weiter nach **294**.

---

294 Um sicherzustellen, daß Sie die Bezeichnungsweise verstanden haben, lösen Sie bitte die nachstehende Aufgabe:

Wenn $F(x) = \int f(x)\,dx$, dann ist

$$\dfrac{dF(x)}{dx} = \dots\dots\dots\dots\dots\dots\dots\dots\dots\dots\dots\dots$$

Weiter nach **295**.

295 Die richtige Antwort ist

$$\frac{dF(x)}{dx} = f(x).$$

Wenn Sie diese Antwort nicht gefunden haben, sollten Sie die letzten beiden Lernschritte noch einmal lesen und versuchen, sich die neuen Ausdrücke sorgfältig einzuprägen.

Weiter nach 296.

---

296 Wir haben nun gelernt, daß aus

$$F(x) = \int f(x)\,dx$$

$$\frac{dF(x)}{dx} = f(x)$$

folgt.

Wir können jedoch zu $F(x)$ jede beliebige Konstante c hinzufügen und erfüllen auch dann die verlangte Bedingung, da

$$\frac{d}{dx}[F(x) + c] = \frac{dF(x)}{dx} + \frac{dc}{dx} = f(x).$$

Wenn also eine Konstante zu einem unbestimmten Integral von $f(x)$ addiert wird, so ist die Summe ebenfalls ein unbestimmtes Integral von $f(x)$. Deswegen ist zu erwarten, daß zwei beliebige unbestimmte Integrale von $f(x)$ sich nur durch eine Konstante voneinander unterscheiden können. (Das wird in Anhang A12 bewiesen.) Das Adjektiv *unbestimmt* erklärt sich daher, daß c irgendeinen Wert haben kann; es wird aber oft weggelassen.

Weiter nach 297.

1. Das unbestimmte Integral

297 Halten wir einen Augenblick an und fassen zusammen:

Wenn $f(x) = \dfrac{dF}{dx}$, dann ist

F das .... von ....
Die Antworten finden Sie in **298**.

---

298 Wenn $f(x) = \dfrac{dF}{dx}$, dann ist F das *unbestimmte Integral* von $f(x)$.

Wenn Sie etwas anderes geschrieben haben, wiederholen Sie den Stoff vom Beginn dieses Kapitels an. Anderenfalls üben Sie noch einmal das Folgende:

Schreiben Sie eine Gleichung, die gleichbedeutend ist mit $\dfrac{dy}{dx} = f(x)$.

$y = $.. .
Weiter nach **299**.

---

299 Die Gleichung lautet

$$y = \int f(x)\, dx.$$

Die Größe $\int f(x)\, dx$ ist das *unbestimmte Integral* von $f(x)$. Da $\int f(x)\, dx$ von x abhängt, definiert es eine neue Funktion.

Um $\int f(x)\, dx$ darzustellen, können wir jedes beliebige Symbol verwenden: F, G, y usw. In diesem Kapitel werden wir gewöhnlich das Symbol F wählen.

Weiter nach **300**.

300 Versuchen Sie, das unbestimmte Integral der folgenden Funktionen zu finden. c stellt eine Konstante dar.

(a) $f(x) = \cos x$

$$\int \cos x \, dx = \sin x + c \quad c \sin x \quad \cos x \quad \text{keines von diesen}$$

(b) $f(x) = \dfrac{1}{x^2}$

$$\int \dfrac{dx}{x^2} = -\dfrac{c}{x^3} \quad -\dfrac{1}{x} + c \quad -\dfrac{1}{3x^3} \quad \text{keines von diesen}$$

Wenn beide Antworten richtig waren, weiter nach Abschnitt 2, **302** *. Anderenfalls weiter nach* **301** *.*

---

301 Um zu kontrollieren, daß die Antworten den Anforderungen entsprechen, zeigen wir einfach, daß ihre Ableitungen die richtigen Funktionen ergeben.

(a) $\dfrac{d}{dx}(\sin x + c) = \cos x$, daher $\sin x + c = \int \cos x \, dx$

(b) $\dfrac{d}{dx}\left(-\dfrac{1}{x} + c\right) = +\dfrac{1}{x^2}$, daher $-\dfrac{1}{x} + c = \int \dfrac{1}{x^2} \, dx$

Weiter nach Abschnitt 2, Lernschritt **302** *.*

Abschnitt 2. Integration

302 Bisher haben wir gesehen, wie man die unbestimmten Integrale von einigen speziellen algebraischen Funktionen findet. In diesem Abschnitt wollen wir uns um einen systematischeren Weg bemühen.
Weiter nach 303.

---

303 Da Integration die Umkehrung der Differentiation ist, gibt es zu jeder Differentiationsformel aus Kapitel II eine entsprechende Integrationsformel. So erhält man zu

$$\frac{d \sin x}{dx} = \cos x,$$

aus Kapitel II mit Hilfe der Definition des unbestimmten Integrals

$\int \cos x \, dx = \sin x + c.$

Nun versuchen Sie es. Was ist

$\int \sin x \, dx$?

Antwort: $\cos x + c$ $-\cos x + c$ $\sin x \cos x + c$ keines von diesen

Sie müssen sicher sein, daß Sie die richtige Antwort verstehen (Sie können das Resultat durch Differentiation überprüfen), dann
weiter nach 304.

---

304 Bestimmen Sie nun folgende Integrale (der Einfachheit halber wurde die Konstante c in den Antworten weggelassen).

(a) $\int x^n \, dx =$ $\frac{1}{n} x^n$ $\frac{1}{n} x^{n+1}$ $\frac{1}{n+1} x^{n+1}$ $\frac{1}{n-1} x^n$

(b) $\int e^x \, dx =$ e^x $x e^x$ $\frac{1}{x} e^x$ keine von diesen

Wenn Sie beide Antworten richtig gefunden haben, so können Sie mit sich zufrieden sein und nach 306 *weitergehen.*
Wenn nicht, weiter nach 305.

| 305 | Wenn Sie nur einen Flüchtigkeitsfehler gemacht haben und die Aufgabe nun verstehen, so korrigieren Sie Ihren Fehler und gehen Sie nach | 306 | weiter. Wenn das nicht der Fall ist, wiederholen Sie die Definitionen des unbestimmten Integrals im ersten Abschnitt dieses Kapitels und lesen Sie dann hier weiter.

Wenn $F = \int f(x)\,dx$,

dann $\dfrac{dF}{dx} = f(x)$.

Wenn wir also F finden wollen, suchen wir einen Ausdruck, der differenziert $f(x)$ ergibt. Ableitung von $\dfrac{x^{n+1}}{n+1}$ ist beispielsweise durch

$$\frac{d}{dx}\left[\frac{x^{n+1}}{n+1}\right] = \frac{1}{n+1}\frac{dx^{n+1}}{dx} = \frac{1}{n+1}(n+1)x^n = x^n$$

mit Hilfe der Formel für die Ableitung von x^n, Kap. II, gegeben. Mit der Integrationskonstanten c ist daher $\int x^n\,dx = \dfrac{x^{n+1}}{n+1} + c$.

(Beachten Sie, daß diese Formel nicht für $n = -1$ zutrifft.)

In ähnlicher Weise ist laut Kap. II

$$\frac{d}{dx}e^x = e^x,$$

so daß

$$\int e^x\,dx = e^x + c$$

Weiter nach | 306 |.

Antworten | 300 | : (a) $\sin x + c$, (b) $-\dfrac{1}{x} + c$; | 303 | : $-\cos x + c$;

| 304 | : (a) $\dfrac{1}{n+1}x^{n+1}$; (b) e^x

2. Integration

306 Bisher haben wir Integrale gefunden, indem wir nach einer Funktion gesucht haben, deren Ableitung der Integrand ist. Diese Methode ist in vielen Fällen effektiv, besonders wenn man etwas Übung hat; es ist jedoch nützlich, über eine Liste der wichtigsten Integrale zu verfügen, und durchaus sinnvoll, eine solche Zusammenstellung zu gebrauchen. Bei häufigem Umgang mit der Analysis wird man bald einen großen Teil der aufgeführten Integrale dem Aussehen nach kennen; zumindest wird man so vertraut damit sein, daß man sie annähernd richtig errät. Zur Kontrolle kann man dann differenzieren.

Im nächsten Lernschritt finden wir eine Tabelle mit den wichtigsten Integralen. Man kann die Richtigkeit aller Gleichungen der Form

$$\int f(x)\,dx = F(x)$$

überprüfen, indem man sicherstellt, daß

$$\frac{d\,F(x)}{dx} = f(x).$$

Mit dieser Methode werden wir sogleich einige der Gleichungen bestätigen. *Weiter nach* **307**.

307 Liste wichtiger Integrale

In der folgenden Integraltafel sind u und v von x abhängige Variable; w ist eine Variable, die von u abhängt, und u hängt wiederum von x ab; a und n sind Konstante; die willkürlichen Integrationskonstanten sind der Einfachheit halber ausgelassen.

(1) $\int a \, dx = ax$

(2) $\int a f(x) \, dx = a \int f(x) \, dx$

(3) $\int (u + v) \, dx = \int u \, dx + \int v \, dx$

(4) $\int x^n \, dx = \dfrac{x^{n+1}}{n+1}$ $\qquad n \neq -1$

(5) $\int \dfrac{dx}{x} = \ln x$

(6) $\int e^x \, dx = e^x$

(7) $\int e^{ax} \, dx = e^{ax}/a$

(8) $\int b^{ax} \, dx = \dfrac{b^{ax}}{a \ln b}$

(9) $\int \ln x \, dx = x \ln x - x$

(10) $\int \sin x \, dx = -\cos x$

(11) $\int \cos x \, dx = \sin x$

(12) $\int \tan x \, dx = -\ln \cos x$

(13) $\int \cot x \, dx = \ln \sin x$

(14) $\int \sec x \, dx = \ln (\sec x + \tan x)$

(15) $\int \sin x \cos x \, dx = \dfrac{1}{2} \sin^2 x$

(16) $\int \dfrac{dx}{a^2 + x^2} = \dfrac{1}{a} \arctan \dfrac{x}{a}$

(17) $\int \dfrac{dx}{\sqrt{a^2 - x^2}} = \arcsin \dfrac{x}{a}$

(Fortsetzung nächste Seite)

2. Integration

307 fortgesetzt

Liste der wichtigen Integrale (Fortsetzung)

(18) $\int \dfrac{dx}{\sqrt{x^2 \pm a^2}} = \ln[x + \sqrt{x^2 \pm a^2}\,]$

(19) $\int w(u)\,dx = \int [w(u)\,\dfrac{dx}{du}]\,du$

(20) $\int u\,dv = uv - \int v\,du$

Zur Bequemlichkeit wird diese Liste noch einmal als Tab. 2 am Ende des Buches wiederholt (s. S. 285).

Weiter nach 308.

308

Können Sie einige Formeln aus der Liste überprüfen? Zeigen Sie, daß die Integralformeln (9) und (15) richtig sind.

Wenn Sie von Ihren Beweisen überzeugt sind, weiter nach 310.
Wenn Sie die Beweise vergleichen wollen, weiter nach 309.

| 309 | Um zu beweisen, daß $F(x) = \int f(x)\,dx$, müssen wir zeigen, daß

$$\frac{dF(x)}{dx} = f(x).$$

(9) $F(x) = x \ln x - x$, $f(x) = \ln x$

$$\frac{dF}{dx} = \frac{d}{dx}(x \ln x - x) = x\left(\frac{1}{x}\right) + \ln x - 1 = \ln x = f.$$

(15) $F(x) = \frac{1}{2}\sin^2 x$, $f(x) = \sin x \cos x$

$$\frac{d}{dx}\frac{1}{2}\sin^2 x = \frac{1}{2}(2 \sin x)\frac{d}{dx}\sin x = \sin x \cos x$$

Weiter nach | 310 |.

| 310 | Um Formel (19) in | 307 | zu beweisen, müssen wir lediglich zeigen, daß die Ableitung nach x auf der rechten Seite der Gleichung gleich dem Integranden $w(u)$ ist. Mit Hilfe der Kettenregel
$\frac{dF}{dx} = \frac{dF}{du}\frac{du}{dx}$ erhalten wir tatsächlich

$$\frac{d}{dx}\left[\int w(u)\frac{dx}{du}\,du\right] = \frac{d}{du}\left[\int w(u)\frac{dx}{du}\,du\right] \times \frac{du}{dx}$$

$$= \left[w(u)\frac{dx}{du}\right]\frac{du}{dx} = w(u).$$

Im letzten Schritt wurde $\frac{dx}{du} = 1/\frac{du}{dx}$ verwendet (bewiesen in Anhang A11).

Weiter nach | 311 |.

2. Integration

311 Wir wollen nun eine wichtige Anwendung der soeben bewiesenen Formel (19) diskutieren.

Wenn wir $\int f(x)\,dx$ schreiben, dann gleicht das Symbol dx dem Symbol für das Differential dx, das in **266** diskutiert wurde. Andererseits ist das dx im Integralzeichen nur ein Teil dieses Symbols, und wir haben keinen Grund anzunehmen, daß es sich wie ein Differential verhält. Aus der eben bewiesenen Formel geht jedoch hervor, daß dx als ein Differential behandelt werden kann, da man dx durch $\dfrac{dx}{du}\,du$ ersetzen kann, was der Bezeichnungsweise des Differentials unmittelbar entspricht.

Weiter nach **312**.

---

312 Die Möglichkeit, dx im Integralzeichen durch $\dfrac{dx}{du}\,du$ zu ersetzen, erweist sich als wirksames Mittel: es ist jetzt nicht mehr nach dx, sondern nach du zu integrieren. Diese Ersetzung wird eine „Änderung (Transformation, Substitution) der Variablen" genannt. Um zu sehen, wie nützlich sie ist,

weiter nach **313**.

|313| Das folgende Beispiel zeigt, wie eine *Änderung* der *Variablen* ein Integral vereinfachen kann. Versuchen wir, $\int \sin 3x \, dx$ zu berechnen. Dieses Integral hat eine ungewohnte Form. Durch eine geeignete Änderung der Variablen kann es jedoch in ein vertraut erscheinendes Integral umgewandelt werden.

$$\int \sin 3x \, dx = \frac{1}{3} \int 3 \sin 3x \, dx = \frac{1}{3} \int \sin 3x \, d(3x) = \frac{1}{3} \int \sin u \, du,$$

wobei u eine neue Variable ist, $u = 3x$.

Dann ist

$$\int \sin 3x \, dx = \frac{1}{3} \int \sin u \, du = \frac{-1}{3} [\cos u + c] = -\frac{1}{3} [\cos 3x + c].$$

(Unsere Integralformeln in |307| sind unter allen Umständen richtig, auch wenn die unabhängige Variable die verschiedensten Bezeichnungen hat; wenn daher $\int \sin x \, dx = -\cos x + c$, so ist $\int \sin u \, du = -\cos u + c$.)

Um zu sehen, ob Sie mitgekommen sind, berechnen Sie bitte mit dieser Methode $\int \sin \frac{x}{2} \cos \frac{x}{2} \, dx$. (Vermutlich ist Ihnen Formel (15) in |307| von Nutzen.)

$$\int \sin \frac{x}{2} \cos \frac{x}{2} \, dx = \dots\dots\dots\dots\dots\dots\dots\dots$$

Zur Kontrolle der Lösung weiter nach |314|.

314 Die Lösung muß lauten:

$$\int \sin \frac{x}{2} \cos \frac{x}{2} \, dx = \sin^2 \frac{x}{2} + c'. \quad (c' = \text{beliebige Konstante})$$

Wenn Sie dieses Resultat erhalten haben, direkt weiter nach **316**.
Anderenfalls lesen Sie bitte weiter.

$$\int \sin \frac{x}{2} \cos \frac{x}{2} \, dx = 2 \int \sin \frac{x}{2} \cos \frac{x}{2} \, d\left(\frac{x}{2}\right) = 2 \int \sin u \cos u \, du,$$

wobei wir $u = x/2$ eingesetzt haben. Aus Formel (15) in **307** finden wir aber

$$\int \sin u \cos u \, du = \frac{1}{2} \sin^2 u + c = \frac{1}{2} \sin^2 \frac{x}{2} + c,$$

so daß

$$\int \sin \frac{x}{2} \cos \frac{x}{2} \, dx = 2 \left(\frac{1}{2} \sin^2 \frac{x}{2} + c\right) = \sin^2 \frac{x}{2} + c'.$$

($c' = 2c$ = beliebige Konstante).

Überprüfen wir dieses Resultat:

Wie erforderlich ist

$$\frac{d}{dx} \left[\sin^2 \frac{x}{2} + c' \right] = 2\left(\sin \frac{x}{2} \cos \frac{x}{2}\right)\left(\frac{1}{2}\right) = \sin \frac{x}{2} \cos \frac{x}{2}.$$

(Wir haben hier die Kettenregel angewandt.)

Und nun diese Aufgabe: Berechnen Sie, mit a und b als Konstanten,

$$\int \frac{dx}{a^2 + b^2 x^2} = \ldots\ldots\ldots\ldots\ldots .$$

Bei der Lösung erweist sich die Liste in **307** als nützlich.

Die Lösung finden Sie in **315**.

315 Mit den folgenden Schritten findet man das verlangte Integral:

$$\int \frac{dx}{a^2 + b^2 x^2} = \frac{1}{b} \int \frac{d(bx)}{a^2 + b^2 x^2} = \frac{1}{b} \int \frac{du}{a^2 + u^2} \qquad (u = bx)$$

$$= \frac{1}{ab}[\arctan \frac{u}{a} + c] \qquad (\boxed{307}, \text{Formel } 16)$$

$$= \frac{1}{ab}[\arctan \frac{bx}{a} + c]$$

Weiter nach $\boxed{316}$.

---

316 Soeben haben wir gesehen, wie man ein Integral berechnet, wenn man die Variable von x in $u = ax$ ändert, wobei a eine Konstante ist. Oft kann ein Integral auch vereinfacht werden, indem andere Größen als neue Variable eingesetzt werden. Das zeigt dieses Beispiel:

Wir wollen $\int \frac{x \, dx}{x^2 + 4}$ berechnen.

Setzen wir $u^2 = x^2 + 4$. Dann ist $2u \, du = 2x \, dx$.

$$\int \frac{x \, dx}{x^2 + 4} = \int \frac{u \, du}{u^2} = \int \frac{du}{u} = \ln u + c = \ln \sqrt{x^2 + 4} + c$$

Versuchen Sie, das folgende Integral mit dieser Methode zu berechnen:

$\int \cos(2\theta + 5) \, d\theta$.

Resultat: ....

Zur Prüfung des Resultats weiter nach $\boxed{317}$.

2. Integration

317 ∫ cos (2θ + 5) dθ können wir auf folgende Weise finden:

Es sei $u = 2θ + 5$, $du = 2dθ$, dann ist

$$\int \cos (2θ + 5)\, dθ = \frac{1}{2} \int \cos u\, du = \frac{1}{2} [\sin u + c]$$

$$= \frac{1}{2} [\sin (2θ + 5) + c].$$

Wenn Sie mit diesem Vorgang vertraut sind, werden Sie häufig feststellen, daß u nicht explizit eingeführt werden muß. Beispielsweise läßt sich die letzte Aufgabe wie folgt lösen:

$$\int \cos (2θ + 5)\, dθ = \frac{1}{2} \int \cos (2θ + 5)\, d(2θ + 5)$$

$$= \frac{1}{2} \sin (2θ + 5) + c.$$

Schreiben Sie jedoch die Zwischenschritte so lange aus, bis Sie darin ganz sicher sind.

Weiter nach **318**.

318

Formel (20) in 307 ist sehr oft nützlich und als „partielle Integration" bekannt. Der Beweis ist einfach. Es seien u und v beliebige, von x abhängige Variable. Aus 189 ist dann

$$\frac{d}{dx}(uv) = u\frac{dv}{dx} + v\frac{du}{dx}.$$

Nun werden beide Seiten der Gleichung nach x integriert, so daß

$$\int \frac{d}{dx}(uv)\, dx = \int u\frac{dv}{dx}\, dx + \int v\frac{du}{dx}\, dx$$

$$\int d(uv) = \int u\, dv + \int v\, du.$$

Aber $\int d(uv) = uv$, und wir erhalten nach Umstellung

$$\int u\, dv = uv - \int v\, du.$$

Hier ein Beispiel: Bestimmen Sie $\int \theta \sin\theta\, d\theta$.

Es sei $u = \theta$, $dv = \sin\theta\, d\theta$. Daraus ist leicht ersichtlich, daß $du = d\theta$, $v = -\cos\theta$.

Folglich ist $\int \theta \sin\theta\, d\theta = \int u\, dv = uv - \int v\, du$

$$= -\theta \cos\theta - \int (-\cos\theta)\, d\theta$$
$$= -\theta \cos\theta + \sin\theta.$$

Weiter nach 319 .

319

Versuchen Sie, mit Hilfe der partiellen Integration $\int xe^x\, dx$ zu finden.

Ergebnis: (die Konstante wurde weggelassen).

$(x-1)e^x \quad xe^x \quad e^x \quad xe^x + x \quad$ keines von diesen

Wenn richtig, weiter nach 321 .
Bei falschem Ergebnis oder bei Interesse für die Lösung, weiter nach 320 .

2. Integration

---

320 Um mit Hilfe der partiellen Integration $\int x e^x \, dx$ zu finden, wählen wir $u = x$, $dv = e^x \, dx$, so daß $du = dx$, $v = e^x$. Dann ist

$$\int x e^x \, dx = x e^x - \int e^x \, dx = x e^x - e^x$$
$$= (x - 1) e^x.$$

Weiter nach **321**.

---

321 Berechnen Sie unter Verwendung der partiellen Integration das folgende Integral:

$$\int x \cos x \, dx.$$

Resultat: ....

Zur Prüfung des Ergebnisses weiter nach **322**.

---

322 $\int x \cos x \, dx = x \sin x + \cos x + c$

Zur Ableitung dieser Formel bitte weiterlesen. Anderenfalls *weiter nach* **323**.

Wir ändern die Variable und integrieren dann partiell:
$u = x$, $dv = \cos x \, dx$. Daher ist $du = dx$, $v = \sin x$.

$$\int x \cos x \, dx = \int u \, dv = uv - \int v \, du =$$
$$x \sin x - \int \sin x \, dx = x \sin x + \cos x + c.$$

Weiter nach **323**.

| 323 | Bei Integrationsaufgaben kommt es häufig vor, daß man bei einer Aufgabe mehrere Integrationsmethoden anwenden muß.

Zur Übung die folgenden Aufgaben: (b ist eine Konstante)

(a) $\int [\cos 5\theta + b]\, d\theta = $ ....

(b) $\int x \ln x^2 \, dx = $ ....

Weiter nach | 324 | .

| 324 | Die richtigen Lösungen sind

(a) $\int [\cos 5\theta + b]\, d\theta = \dfrac{1}{5} \sin 5\theta + b\theta + c$

(b) $\int x \ln x^2 \, dx = \dfrac{1}{2}[x^2 (\ln x^2 - 1) + c]$

Wenn Sie beide Lösungen richtig gefunden haben, weiter nach Abschnitt 3, Lernschritt | 326 | .
Haben Sie eine Lösung verfehlt, weiter nach | 325 | .

Antwort | 319 | : $(x - 1)\, e^x$

2. Integration

325 Ist bei (a) ein Fehler unterlaufen, dann kann die Änderung der Bezeichnungsweise von x in θ schuld daran sein. Machen Sie sich klar, daß x das übliche Symbol für eine Variable ist. Alle Integrationsformeln könnten statt mit x auch mit θ oder z oder irgendeinem Symbol geschrieben werden. Im Detail lautet (a) wie folgt:

$$\int [\cos 5\theta + b]\, d\theta = \int \cos(5\theta) + \int b\, d\theta$$

$$= \frac{1}{5} \int \cos 5\theta\, d(5\theta) + \int b\, d\theta$$

$$= \frac{1}{5} \sin 5\theta + b\theta + c.$$

In Aufgabe (b) sei $u = x^2$, $du = 2x\, dx$: Dann ist

$$\int x \ln x^2\, dx = \frac{1}{2} \int \ln u\, du = \frac{1}{2} [u \ln u - u + c].$$

(Im letzten Schritt wurde Formel (9) aus $\boxed{307}$ verwendet.) Infolgedessen ist

$$\int x \ln x^2\, dx = \frac{1}{2} [x^2 \ln x^2 - x^2 + c].$$

Die Aufgabe ist auch mit Hilfe der partiellen Integration lösbar.

Weiter nach Abschnitt 3, Lernschritt $\boxed{326}$.

Abschnitt 3. Der Flächeninhalt unter einer Kurve

326

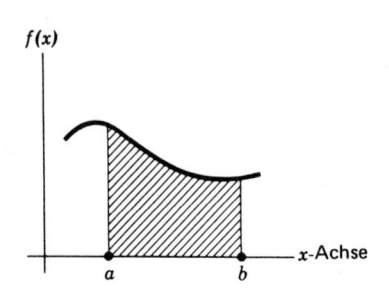

Eine wichtige Anwendung der Integration besteht in der Berechnung des Inhalts der Fläche zwischen einer Kurve $y = f(x)$ und der x-Achse, die durch zwei x-Werte a und b begrenzt ist. Die schraffierte Fläche in der Abbildung ist ein Beispiel hierfür.

Sie werden in diesem Abschnitt lernen, wie man diesen Flächeninhalt berechnet.

Weiter nach 327.

327

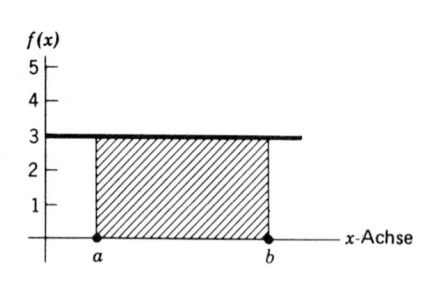

Um sicherzustellen, daß Sie wissen, was gemeint ist, versuchen Sie, den Inhalt unter der einfachsten aller Kurven, d. h. einer Geraden, zu berechnen; diese Gerade sei durch
$f(x)$ = konstant
gegeben.

Welches ist der Inhalt der Fläche unter der Geraden $f(x) = 3$ zwischen zwei Punkten auf der x-Achse, die die Werte a und b haben?

$A = 3ab \quad 3(a + b) \quad 3(a - b) \quad 3(b - a)$

Wenn richtig, weiter nach 329.
Anderenfalls weiter nach 328.

3. Der Flächeninhalt unter einer Kurve

|328| Die angegebene Fläche ist ein Rechteck. Der Flächeninhalt eines Rechtecks ist einfach das Produkt aus seiner Länge und Breite. In diesem Fall ist die Breite 3, und die Länge ist die Entfernung $b-a$. Daher ist

$$A = 3(b - a).$$

Weiter nach |329|.

329 Ehe wir weitergehen, muß hervorgehoben werden, daß bei dieser Definition der Fläche unter einer Kurve der Flächeninhalt positiv oder auch negativ sein kann. Um dies zu zeigen, betrachten wir einige Beispiele, in denen die Fläche der Einfachheit halber ein Rechteck ist.

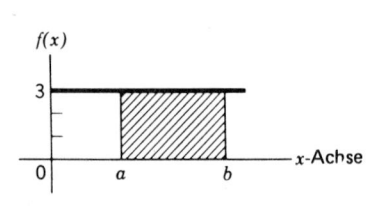

A_{ab} sei der Flächeninhalt des Rechtecks, das von $f(x) = 3$ und der x-Achse begrenzt wird, wobei seine Basis die Strecke von $x = a$ nach $x = b$ ist. Es ist klar, daß $A_{ab} = 3 \times (b - a)$. Betrachten wir nun A_{ba} — das gleiche Rechteck, nur ist die Basis jetzt die Strecke von $x = b$ nach $x = a$, — so ist $A_{ba} = 3 \times (a - b) = -A_{ab}$. In der Abbildung oben ist A_{ab} positiv und A_{ba} negativ.

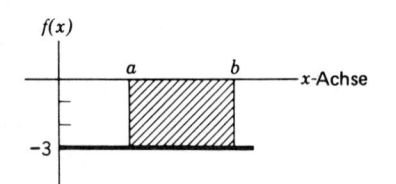

Wie die Abbildung zeigt, kann auch die Höhe des Rechtecks negativ sein. Hier ist A_{ab} negativ und A_{ba} positiv.

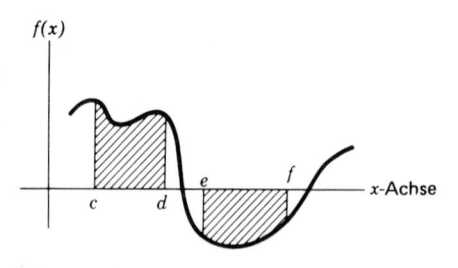

Auch wenn die Fläche nicht rechteckig ist, gelten die gleichen Begriffe. In der Abbildung ist

$$A_{cd} > 0, A_{ef} < 0,$$
$$A_{dc} < 0, A_{fe} > 0.$$

Wir werden die Basispunkte nicht immer mit unteren Indizes bezeichnen, wie wir das bei A_{ab} getan haben; sie werden jedoch immer aus der Aufgabe klar ersichtlich sein.

Weiter nach **330**.

Antwort **327**: $3(b - a)$

3. Der Flächeninhalt unter einer Kurve

330 Wir konnten den Flächeninhalt unter einer Geraden finden, da es sich bei der entstandenen Figur um ein einfaches Rechteck handelte. Suchen wir nun nach einer allgemeinen Methode, mit der man den Flächeninhalt unter einer beliebigen Kurve erhält.

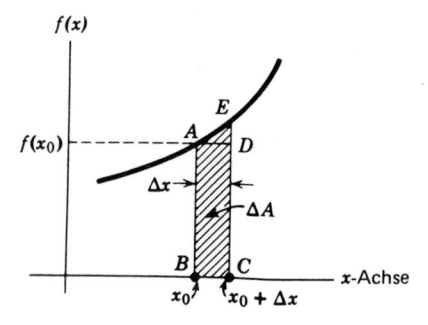

Zunächst suchen wir den genäherten Flächeninhalt unter einer Kurve $y = f(x)$ zwischen zwei Punkten auf der x-Achse, die voneinander einen *kleinen* Abstand Δx haben. Wenn Δx klein ist, besteht die Fläche aus einem schmalen Streifen, und ihr Inhalt ist ebenfalls klein. Wir bezeichnen ihn mit ΔA. Können Sie einen ungefähren Ausdruck für ΔA finden?

....

 ("$\approx$" bedeutet „ist ungefähr gleich")

Mit dieser Aufgabe wird ein großer Schritt in der Entwicklung der Integralrechnung getan; sein Sie also nicht enttäuscht, wenn Sie bei der Lösung Mühe haben sollten.

Weiter nach **331**.

331 Die korrekte Lösung ist

$$\Delta A \approx f(x_0) \Delta x$$

Bei richtiger Antwort *weiter nach* **332**. Anderenfalls lesen Sie bitte weiter.

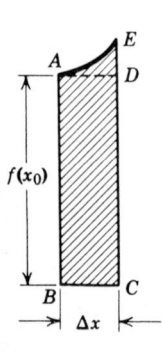

Betrachten wir die Fläche genau. Wie aus der Abbildung hervorgeht, ist die Fläche ein langer, schmaler Streifen. Leider ist sie nicht ganz, sondern nur fast ein Rechteck. Zum größten Teil ist der Inhalt der des Rechtecks $ABCD$ und somit das Produkt aus der Länge $f(x_0)$ und der Breite Δx, also $f(x_0) \Delta x$. Der gesuchte Inhalt ΔA unterscheidet sich von dem des Rechtecks durch den Flächeninhalt der Figur ADE; diese ist fast ein Dreieck, nur ist die Seite AE nicht gerade. Wenn der Wert von ΔA abnimmt, nimmt der Flächeninhalt der Figur ADE noch schneller ab, da sowohl ihre Basis AD als *auch* ihre Höhe DE kleiner werden, im Gegensatz zum Rechteck $ABCD$, bei dem die Länge $f(x_0)$ unverändert bleibt und nur die Breite, $BC = \Delta x$, abnimmt. (Vielleicht erscheint diese Beweisführung nicht ganz unbekannt. Sie läuft darauf hinaus, daß die ungefähre Gleichheit im *Grenzfall* $\Delta x \to 0$ eine strenge Gleichheit wird. Genauer gesagt ist $\lim_{\Delta x \to 0} \dfrac{\Delta A}{f(x_0) \Delta x} = 1$.)

Für einen genügend kleinen Wert von Δx können wir dann

$$\Delta A \approx f(x_0) \Delta x$$

setzen. Beachten Sie, daß wir mit ähnlicher Genauigkeit

$$\Delta A \approx f(x_0 + \Delta x) \Delta x$$

und mit noch größerer Genauigkeit

$$\Delta A \approx f(x_0 + \frac{\Delta x}{2}) \Delta x$$

setzen könnten. Jedoch ist die erste Formel am einfachsten hinreichend genau, wenn Δx klein genug ist.

Weiter nach **332**.

3. Der Flächeninhalt unter einer Kurve

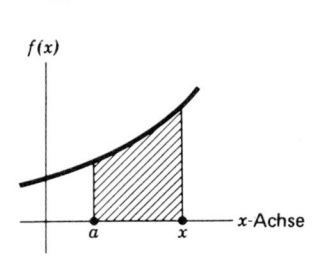

|332|

Suchen wir nun den Inhalt der Fläche unter der Kurve $f(x)$ zwischen den vertikalen Linien, die die x-Achse in a und x schneiden. Offensichtlich hängt der Inhalt vom x-Wert sowie von a und $f(x)$ ab; wir bezeichnen ihn daher zunächst als $A(x)$. Bei einigem Nachdenken gelingt es Ihnen vielleicht, einen Ausdruck für $\dfrac{dA(x)}{dx}$ zu finden. Versuchen Sie, die folgende Aufgabe zu lösen, (wobei Sie den Stoff des vorhergehenden Lernschritts verwenden); in |333| finden Sie die richtige Entwicklung.

$$\frac{dA(x)}{dx} = \ldots\ldots\ldots\ldots\ldots\ldots\ldots\ldots\ldots$$

Weiter nach |333|.

|333| Wir zeigen die formale Lösung der Aufgabe:

$$\frac{dA(x)}{dx} = \lim_{\Delta x \to 0} \frac{A(x + \Delta x) - A(x)}{\Delta x}$$

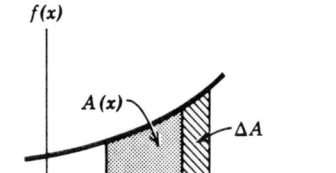

Aber $A(x + \Delta x) - A(x)$ ist der Flächeninhalt ΔA des abgebildeten Streifens. Wenn Δx klein ist, können wir das Resultat aus |331| verwenden. Der Flächeninhalt des Streifens ist näherungsweise $\Delta A = f(x) \Delta x$.

Nun können wir den Grenzwert bilden:

$$\lim_{\Delta x \to 0} \frac{A(x + \Delta x) - A(x)}{\Delta x} = \lim_{\Delta x \to 0} \frac{\Delta A}{\Delta x} = \lim_{\Delta x \to 0} \frac{f(x) \Delta x}{\Delta x}$$

$$= \lim_{\Delta x \to 0} f(x) = f(x)$$

Wir haben unser Resultat gefunden!

$$\boxed{\frac{dA(x)}{dx} = f(x)}$$

Weiter nach |334|.

| 334 | Um dieses soeben erzielte Resultat zu veranschaulichen, betrachten wir einen Fall, den wir genau kennen – den Flächeninhalt $A(x)$ unter einer Geraden.

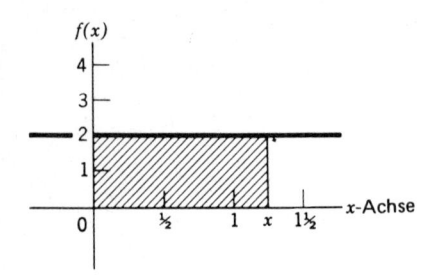

Dies ist die graphische Darstellung von $f(x) = 2$. Die Fläche, die zwischen der Geraden $f(x) = 2$ und der x-Achse liegt und von den vertikalen Linien durch 0 und x begrenzt wird, hat offensichtlich den Inhalt $2x$, wie wir dem Diagramm entnehmen können. Somit ist $A(x) = 2x$; durch Differentiation folgt daraus, daß $\frac{dA}{dx} = 2$. Aber $f(x) = 2$. In diesem Fall ist $\frac{dA}{dx} = f(x)$; dies wurde im vorhergehenden Lernschritt für den allgemeinen Fall bewiesen.

Und nun diese Aufgabe: Die Abbildung zeigt die graphische Darstellung von $f(x) = \frac{1}{2}x$. Bestimmen Sie den Inhalt der Fläche, die von dieser Geraden, der x-Achse und, wie in der Abbildung, von vertikalen Linien durch 1 und x begrenzt wird; aus dem Resultat leiten Sie $\frac{dA}{dx} = f(x)$ ab.

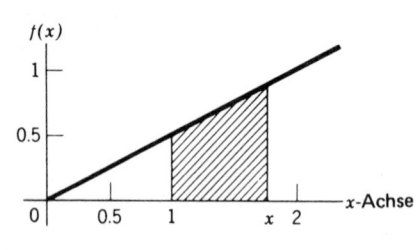

Zur Prüfung des Resultats weiter nach | 335 |.

3. Der Flächeninhalt unter einer Kurve

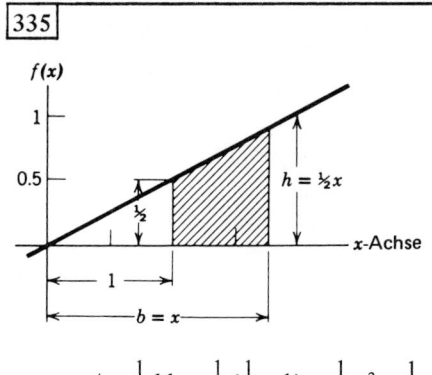

335

Der Flächeninhalt $A(x)$ ist der eines rechtwinkligen Dreiecks mit der Basis $b = x$ und der Höhe $h = f(x) = 1/2\, x$, minus dem Flächeninhalt des kleineren Dreiecks mit der Basis = 1 und der Höhe = 1/2. Somit ist

$$A = \frac{1}{2} bh - \frac{1}{2}(\frac{1}{2} \times 1) = \frac{1}{4} x^2 - \frac{1}{4}$$

$$\frac{dA}{dx} = \frac{d}{dx}(\frac{1}{4} x^2 - \frac{1}{4}) = \frac{1}{2} x = f(x).$$

Wir sehen wiederum, daß das Resultat

$$\frac{dA(x)}{dx} = f(x)$$

richtig ist.

In Wirklichkeit ist dieses Resultat ganz allgemein und gilt für den Inhalt der Fläche unter einer beliebig geformten Kurve, was wir tatsächlich in 333 bewiesen haben. Die beiden Beispiele oben sollten das Resultat verständlicher erscheinen lassen.

Weiter nach 336.

---

336 Wir haben unsere Aufgabe noch immer nicht gelöst. Wir begannen damit, den Flächeninhalt $A(x)$ zu suchen, und haben bisher nur seine Ableitung gefunden. Hier wird nun deutlich, warum der Begriff des Integrals so wichtig ist.

Da $\dfrac{dA}{dx} = f(x)$, ist dann

$$A(x) = \int f(x)\, dx.$$

Dieser Ausdruck ist richtig, aber nicht sehr nützlich. Sehen Sie, warum?

Weiter nach 337.

|337| Der Ausdruck ist nicht sehr nützlich, weil das unbestimmte Integral eine willkürliche Konstante enthält; hingegen gibt es bei einem Flächeninhalt nichts Unbestimmtes und auch nichts Willkürliches.
Sehen wir, wie wir mit dieser Aufgabe fertig werden. Die gewünschte Fläche mit dem Inhalt $A(x)$ erstrecke sich von a nach x, wie in der Abbildung dargestellt.

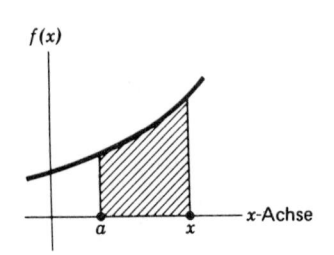

Angenommen, wir haben ein spezielles Integral von $f(x)$ gefunden, z. B.

$$F(x) = \int f(x)\,dx$$

Wir wissen außerdem, daß

$$A(x) = \int f(x)\,dx.$$

Wie wir in |296| diskutiert haben, können sich Integrale derselben Funktion jedoch nur durch eine Konstante voneinander unterscheiden. Da $A(x)$ und $F(x)$ zwei Integrale von $f(x)$ sind, folgt daraus, daß

$$A(x) = F(x) + c$$

Die nächste Aufgabe besteht darin, den richtigen Wert der Konstanten c zu finden. Können Sie das?

$c = $ ....

Brauchen Sie einen Hinweis, weiter nach |338|.

Wollen Sie Ihre Lösung überprüfen, weiter nach |339|.

|338| Hinweis: Betrachten Sie $A(a)$, also den Wert von $A(x)$, wenn $x = a$. Und was ist nun c?

$c = $ ....

Die Antwort befindet sich in |339|.

3. Der Flächeninhalt unter einer Kurve

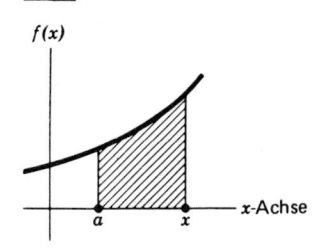

339

Betrachten Sie die schraffierte Fläche unter $f(x)$ mit den Ecken in a und x im Grenzfall $x = a$, d. h. wenn die beiden Ecken des Streifens zusammenfallen. In diesem Fall ist klar, daß der Flächeninhalt 0 ist, da der Streifen keine Breite hat. Somit ist $A(a) = 0$. Nach 337 ist jedoch $A(x) = F(x) + c$. Infolgedessen ist

$$A(a) = F(a) + c = 0,$$

so daß $c = -F(a)$.

Weiter nach 340.

340

Endlich haben wir unser gewünschtes Resultat gefunden:

$A(x) = F(x) + c$ und $c = -F(a)$, so daß

$$\boxed{A(x) = F(x) - F(a)}$$

Machen Sie sich klar, daß in dieser Gleichung

$A(x) =$ den Inhalt der Fläche unter $f(x)$ zwischen den Punkten a und x,

$a =$ irgendeinen gegebenen Wert von x,

$F(x) =$ ein unbestimmtes Integral von x

$= \int f(x)\,dx$,

$F(a) = F(x)$, berechnet in $x = a$,

bedeutet.

Weiter nach 341

341

y-Achse

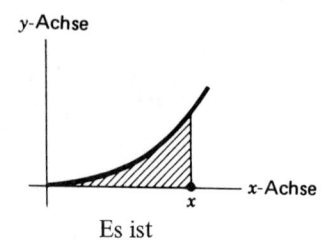

Zur Veranschaulichung suchen wir den Inhalt der Fläche unter der Kurve $y = x^2$ zwischen $x = 0$ und irgendeinem Wert von x.

Es ist

$$\int x^2 \, dx = \frac{1}{3} x^3 + c = F(x)$$

$$A(x) = F(x) - F(0) = \frac{1}{3} x^3 + c - (\frac{1}{3} 0^3 + c)$$

$$= \frac{1}{3} x^3.$$

Beachten Sie, daß die unbestimmte Konstante c wie üblich wegfällt. Das ist immer der Fall, wenn wir einen Ausdruck wie $F(x) - F(a)$ berechnen, so daß wir c einfach weglassen können. Das werden wir in den nächsten Lernschritten tun.

Weiter nach 342 .

342

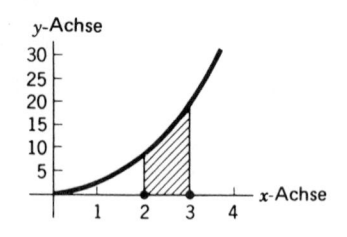

Bestimmen Sie den Inhalt der Fläche unter der Kurve $y = 2x^2$ zwischen den Punkten $x = 2$ und $x = 3$.

$$A = 13 \quad \frac{1}{3} \quad \frac{38}{3} \quad 18$$

Wenn richtig, weiter nach 344 .
Anderenfalls weiter nach 343 .

3. Der Flächeninhalt unter einer Kurve

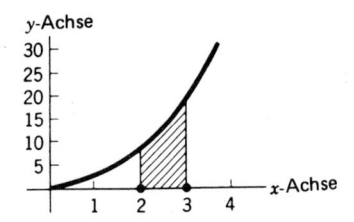

|343|

Dies ist die Lösung der Aufgabe:

$$A = F(3) - F(2), \quad F(x) = \int 2x^2 \, dx = \frac{2}{3} x^3$$

$$A = \frac{2}{3} \times 27 - \frac{2}{3} \times 8 = 18 - \frac{16}{3} = \frac{38}{3}.$$

Weiter nach |344|.

|344| Ehe wir weitergehen, wollen wir etwas Arbeit investieren und die Bezeichnungsweise abkürzen.

Es kommt häufig vor, daß wir den Unterschied eines in zwei Punkten berechneten Ausdrucks, z. B. $F(b) - F(a)$, finden müssen. Man bezeichnet das oft mit

$$F(b) - F(a) = F(x) \Big|_a^b$$

Beispielsweise ist

$$x^2 \Big|_a^b = b^2 - a^2.$$

Als weiteres Beispiel war in der letzten Aufgabe

$$\frac{2}{3} x^3 \Big|_2^3 = \frac{2}{3} (3^3) - \frac{2}{3} (2^3) = \frac{2}{3} (27-8) = \frac{38}{3}$$

zu berechnen.

Weiter nach |345|.

| 345 | Eine letzte Übungsaufgabe:

Die graphische Darstellung zeigt ein Diagramm von $y = x^3 + 2$.

Bestimmen Sie den Inhalt der Fläche zwischen der Kurve und der x-Achse zwischen $x = -1$ und $x = +2$.

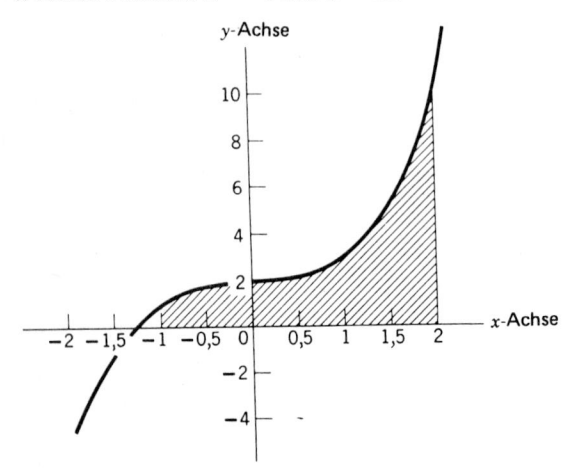

Antwort: 5   1/4   4   17/4   39/4   keines von diesen

Wenn richtig, weiter nach Abschnitt 4, Lernschritt | 347 |.
Anderenfalls weiter nach | 346 |.

| 346 | Die Aufgabe ist wie folgt zu lösen:

$$A = F(2) - F(-1) = F(x) \Big|_{-1}^{2}$$

$$F = \int y\,dx = \int (x^3 + 2)\,dx = \frac{1}{4}x^4 + 2x$$

$$A = (\frac{1}{4}x^4 + 2x) \Big|_{-1}^{2} = (\frac{16}{4} + 4) - (\frac{1}{4} - 2) = \frac{39}{4}$$

Weiter nach | 347 |.

Antwort | 342 | : 38/3

Abschnitt 4. Bestimmte Integrale

347 In diesem Abschnitt werden wir einen anderen Weg finden, um den Inhalt der Fläche unter einer Kurve zu berechnen. Das neue Resultat wird dem des vorhergehenden Abschnitts gleichwertig sein, aber es eröffnet uns einen neuen Gesichtspunkt.

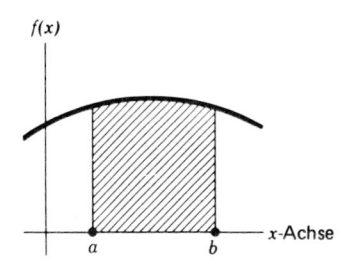

Fassen wir den letzten Abschnitt kurz zusammen: Wenn A der Inhalt der Fläche unter der Kurve $f(x)$ zwischen $x = a$ und irgendeinem x-Wert ist, so haben wir gezeigt (vgl. 333), daß $\frac{dA}{dx} = f(x)$. Daraus haben wir abgeleitet (vgl. 334): Ist $F(x)$ ein unbestimmtes Integral von $f(x)$, d. h. $\frac{dF}{dx} = f$, so ist der Inhalt der Fläche unter $f(x)$ zwischen den beiden x-Werten a und b durch

$$A = F(b) - F(a)$$

gegeben.
Und nun der neue Weg!
Weiter nach 348.

348 Berechnen wir den Flächeninhalt unter einer Kurve auf die folgende Weise:

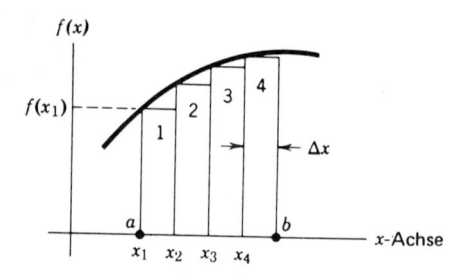

Zunächst teilen wir die Fläche in mehrere Streifen von gleicher Breite auf, indem wir Geraden parallel zur $f(x)$-Achse einzeichnen. In der Abbildung sehen wir 4 dieser Streifen. Sie sind oben unregelmäßig; wir können sie aber zu Rechtecken machen, wenn wir wie in der Abbildung am oberen Ende jedes Streifens eine horizontale Linie ziehen. Angenommen, wir kennzeichnen die Streifen durch 1, 2, 3 und 4. Die Breite eines Streifens ist

$$\Delta x = \frac{b-a}{4}.$$

Die Länge des ersten Streifens ist $f(x_1)$, wobei x_1 der x-Wert am Anfang des ersten Streifens ist. In ähnlicher Weise ist die Länge des zweiten Streifens $f(x_2)$, wobei $x_2 = x_1 + \Delta x$ ist. Der dritte und vierte Streifen hat die Länge $f(x_3)$ bzw. $f(x_4)$, wobei $x_3 = x_1 + 2\Delta x$ und $x_4 = x_1 + 3\Delta x$ ist.

Weiter nach **349**.

---

349 Sie müssen in der Lage sein, einen Näherungsausdruck für den Flächeninhalt eines der Streifen zu finden. Wenn Sie Hilfe brauchen, wiederholen Sie **331**. Auf den Querstrich unten schreiben Sie bitte den Näherungsausdruck für den Flächeninhalt des Streifens 3, ΔA_3.

$\Delta A_3 \approx$ ....

Die richtige Antwort finden Sie in **350**.

Antwort **345**: 39/4

4. Bestimmte Integrale

350 Der angenäherte Flächeninhalt von Streifen 3 ist $\Delta A_3 \approx f(x_3) \Delta x$. Wenn Sie sich für die betreffende Diskussion interessieren, blättern Sie zurück nach **331**.

Können Sie einen Näherungsausdruck für A, den Gesamtflächeninhalt aller 4 Streifen, angeben?

$A \approx$ ....

Versuchen Sie es und lesen Sie dann die richtige Antwort in **351**.

---

351 Ein Näherungsausdruck für den Gesamtflächeninhalt ist einfach die Summe der Inhalte aller Streifen. In Symbolen ausgedrückt haben wir, da $A = \Delta A_1 + \Delta A_2 + \Delta A_3 + \Delta A_4$

$$A \approx f(x_1) \Delta x + f(x_2) \Delta x + f(x_3) \Delta x + f(x_4) \Delta x.$$

Wir können das auch auf folgende Weise schreiben:

$$A \approx \sum_{i=1}^{4} f(x_i) \Delta x.$$

Σ ist der griechische Buchstabe *Sigma*, der dem deutschen Buchstaben S entspricht und hier die Summe darstellt. Das Symbol $\sum_{i=1}^{n} g(x_i)$ bedeutet

$$g(x_1) + g(x_2) + g(x_3) + \ldots\ldots\ldots + g(x_n).$$

Weiter nach **352**.

352 Angenommen, wir teilen die Fläche in mehr Streifen auf, wobei die Streifen jeweils schmaler werden, wie man in den Abbildungen sehen kann. Offensichtlich wird unsere Näherung immer besser.

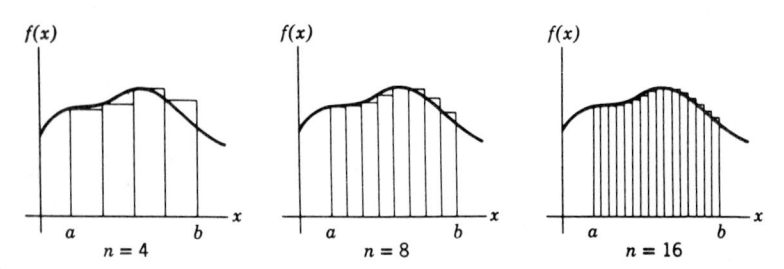

$f(x)$	$f(x)$	$f(x)$
$n = 4$	$n = 8$	$n = 16$

Wenn wir die Fläche in n Streifen aufteilen, dann ist $A \approx \sum_{i=1}^{n} f(x_i)\,\Delta x$, wobei $n = \dfrac{b-a}{\Delta x}$. Wenn wir nun den Grenzwert $\Delta x \to 0$ bilden, so wird die Näherung eine Gleichheit. Daher ist

$$A = \lim_{\Delta x \to 0} \sum_{i=1}^{n} f(x_i)\,\Delta x.$$

Ein solcher Grenzwert ist so wichtig, daß er einen eigenen Namen und ein eigenes Symbol hat. Er heißt das *bestimmte Integral* und wird als $\int_a^b f(x)\,\mathrm{d}x$ geschrieben. Dieses Symbol ist dem des unbestimmten Integrals $\int f(x)\,\mathrm{d}x$ ähnlich und ist ihm auch verwandt, wie wir im nächsten Lernschritt sehen werden. Es ist jedoch wichtig, festzuhalten, daß das bestimmte Integral durch den oben beschriebenen Grenzwert definiert ist. Daher ist laut Definition

$$\boxed{\int_a^b f(x)\,\mathrm{d}x = \lim_{\Delta x \to 0} \sum_{i=1}^{n} f(x_i)\,\Delta x}$$

(Nebenbei sei bemerkt, daß sich das Symbol $\int$ aus dem Buchstaben S entwickelt hat und daß es, wie Sigma, die *Summe* darstellt.)

Weiter nach **353**.

4. Bestimmte Integrale

353 Mit dieser Definition des bestimmten Integrals zeigt die Diskussion im letzten Lernschritt, daß der Inhalt der Fläche A unter der Kurve gleich dem bestimmten Integral ist.

$$A = \int_a^b f(x)\,dx$$

Früher haben wir aber gesehen, daß man den Flächeninhalt auch durch das *unbestimmte* Integral

$$F(x) = \int f(x)\,dx$$

gemäß

$$A = F(b) - F(a)$$

ausdrücken kann. Infolgedessen gilt die allgemeine Relation

$$\int_a^b f(x)\,dx = F(b) - F(a) = \left\{ \int f(x)\,dx \right\} \Big|_a^b$$

Daher kann das *bestimmte* Integral durch ein *unbestimmtes* Integral ausgedrückt werden, das an den Grenzen genommen wird. Dieses bemerkenswerte Resultat wird oft der Fundamentalsatz der Integralrechnung genannt.

Weiter nach **354**.

---

354 Damit Sie die Definition des bestimmten Integrals besser behalten, schreiben Sie sie selbst. Man bilde einen Ausdruck, der das bestimmte Integral von $f(x)$ zwischen den Grenzen a und b definiert.

Zur Kontrolle der Antwort weiter nach **355**.

355

Die richtige Antwort lautet

$$\int_a^b f(x)\,dx = \lim_{\Delta x \to 0} \sum_{i=1}^{n} f(x_i)\,\Delta x, \text{ wobei } n = \frac{b-a}{\Delta x}.$$

Es ist anerkennenswert, wenn Sie diesen oder einen gleichwertigen Ausdruck gefunden haben.

Falls Sie

$$\int_a^b f(x)\,dx = F(b) - F(a), \text{ wobei } F(x) = \int f(x)\,dx$$

geschrieben haben, so ist die Aussage richtig, aber es handelt sich nicht um die *Definition* eines bestimmten Integrals. Das Ergebnis ist richtig, weil beide Seiten das Gleiche darstellen – den Inhalt der Fläche unter der Kurve von $f(x)$ zwischen $x = a$ und $x = b$. Das ist ein wichtiges Ergebnis, ohne das wir keine Möglichkeit hätten, das bestimmte Integral zu berechnen; es gilt aber nicht definitionsgemäß.

Wenn Sie diese Argumentation verstanden haben, weiter nach 356.
Anderenfalls wiederholen Sie bitte den Stoff dieses Kapitels und lesen Sie dann die weitere Diskussion des bestimmten und unbestimmten Integrals in 356.

356

Vielleicht erscheint Ihnen das bestimmte Integral als eine unnötige Komplikation. Wenn wir es richtig bedenken, haben wir damit nur erreicht, daß wir den Flächeninhalt unter einer Kurve auf eine zweite Weise schreiben können. Für die eigentliche Berechnung des Flächeninhalts haben wir auf das unbestimmte Integral zurückgegriffen. Wir hätten ihn jedoch gleich direkt aus dem unbestimmten Integral finden können. Die Bedeutung des bestimmten Integrals liegt in seiner Definition als dem Grenzwert einer Summe. Der Vorgang, daß man ein System in kleine Teile aufteilt und sie dann alle addiert, ist bei vielen Problemen anwendbar. Er führt uns immer zu bestimmten Integralen, die wir durch unbestimmte Integrale ausdrücken können, indem wir den Fundamentalsatz aus 353 verwenden.

Weiter nach 357.

4. Bestimmte Integrale

---

357 Können Sie beweisen, daß

$$\int_a^b f(x)\,dx = -\int_b^a f(x)\,dx?$$

Wenn Sie versucht haben, dieses Resultat zu beweisen, weiter nach 358.

---

358 Der Beweis, daß $\int_a^b f(x)\,dx = -\int_b^a f(x)\,dx$, ist einfach.

$$\int_a^b f(x)\,dx = F(b) - F(a), \text{ wobei } F(x) = \int f(x)\,dx$$

aber

$$\int_b^a f(x)\,dx = F(a) - F(b) = -[F(b) - F(a)]$$

$$= -\int_a^b f(x)\,dx.$$

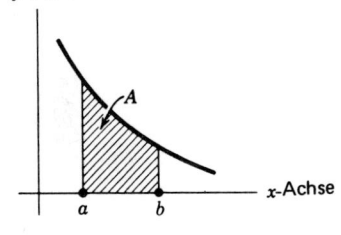

Aus 329 ist deutlich, daß ein Umkehren der Punkte a und b ein Umkehren des Vorzeichens des Flächeninhalts bedeutet. Die Punkte a und b heißen die Grenzen des Integrals (das hat nichts mit $\lim_{x \to a} f(x)$ zu tun; Grenze bedeutet hier einfach Begrenzung). Bei dem Rechenvorgang

$$\int_a^b f(x)\,dx$$

spricht man oft davon, daß „$f(x)$ von a bis b integriert wird", und der Ausdruck heißt „das Integral von $f(x)$ von a bis b".

Weiter nach 359.

| 359 | Welcher der folgenden Ausdrücke gibt $\int_0^{2\pi} \sin\theta \, d\theta$ richtig wieder?

1   0 2π -2 -2π keiner von diesen

Weiter nach | 360 |.

| 360 | $\int_0^{2\pi} \sin\theta \, d\theta = -\cos\theta \Big|_0^{2\pi} = -[1-1] = 0$

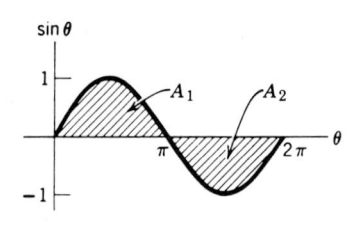

Aus der Abbildung ist leicht ersichtlich, warum dieses Ergebnis richtig ist. Das Integral ergibt den gesamten Flächeninhalt unter der Kurve, von 0 bis 2π; das ist die Summe aus A_1 und A_2. Aber A_2 ist negativ, da $\sin\theta$ in diesem Bereich negativ ist. Aus Symmetriegründen ergeben die beiden Flächen zusammen 0. Sie müssen jedoch in der Lage sein, A_1 oder A_2 einzeln zu finden. Versuchen Sie, die folgende Aufgabe zu lösen:

$$A_1 = \int_0^{\pi} \sin\theta \, d\theta = \quad 1 \quad 2 \quad -1 \quad -2 \quad \pi \quad 0$$

Wenn richtig, weiter nach | 362 |.
Anderenfalls weiter nach | 361 |.

| 361 | $A_1 = \int \sin\theta \, d\theta = -\cos\theta \Big|_0^{\pi} = -[-1-(+1)] = 2.$

Wenn Sie das Integral vergessen haben, finden Sie es in der Tafel, S. 285. Für die Berechnung von $\cos\theta$ an den Grenzen müssen wir wissen, daß $\cos(\pi) = -1$, $\cos(0) = 1$.

Weiter nach | 362 |.

362

y-Achse

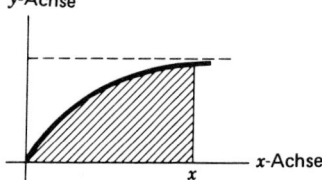

x-Achse

Die Abbildung zeigt die graphische Darstellung der Funktion $y = 1 - e^{-x}$.

Berechnen Sie den Inhalt der schraffierten Fläche unter der Kurve zwischen dem Ursprung und x!

Antwort: e^{-x} $1 - e^{-x}$ $x + e^{-x}$ $x + e^{-x} - 1$

Bei richtiger Antwort weiter nach 364 .

In 363 *finden Sie die Lösung und eine Diskussion der Bedeutung der Fläche.*

363

Die Lösung von 362 lautet:

$$A = \int_0^x y\,dx = \int_0^x (1-e^{-x})\,dx = \int_0^x dx - \int_0^x e^{-x}\,dx$$

$$= x - (-e^{-x}) \Big|_0^x = x + e^{-x} \Big|_0^x = x + e^{-x} - 1.$$

Die gefundene Fläche wird von einer vertikalen Linie durch x begrenzt. In unserem Ergebnis ist A eine von x abhängige Variable. Wenn wir einen bestimmten Wert für x wählen, können wir ihn in die Formel oben für A einsetzen und erhalten dann einen bestimmten Wert für A. Wir haben ein bestimmtes Integral berechnet, bei dem einer der Grenzpunkte als Variable übrig geblieben ist.

Weiter nach 364 .

|364| Berechnen wir noch ein bestimmtes Integral und gehen dann weiter. Bestimmen Sie

$$\int_0^1 \frac{dx}{\sqrt{1-x^2}}$$ (Wenn nötig, verwenden Sie die Integraltafel, S. 285.)

Antwort: 0   1   ∞   π $\frac{\pi}{2}$ keines von diesen

Bei richtiger Antwort weiter nach Abschnitt 5, Lernschritt |366|.
Bei falscher oder gar keiner Antwort weiter nach |365|.

|365| Der Integraltafel S. 285 entnehmen wir, daß

$$\int \frac{dx}{\sqrt{1-x^2}} = \arcsin x + c.$$ Daher ist

$$\int_0^1 \frac{dx}{\sqrt{1-x^2}} = \arcsin x \Big|_0^1 = \arcsin 1 - \arcsin 0.$$

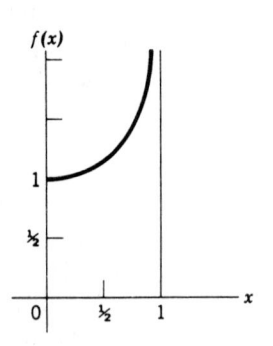

Aber arcsin (1) = π/2, da sin (π/2) = 1. Ähnlich ist arcsin (0) = 0. Folglich hat das Integral den Wert π/2 − 0 = π/2.

Die Abbildung zeigt die graphische Darstellung von

$$f(x) = \frac{1}{\sqrt{1-x^2}}.$$

Obwohl die Funktion in $x = 1$ nicht stetig ist, ist der Flächeninhalt unter der Kurve vollkommen definiert

Weiter nach Abschnitt 5, Lernschritt |366|.

Antworten |359| : 0; |360| : 2; |362| : $x + e^{-x} - 1$

Abschnitt 5. Einige Anwendungen der Integration

366 In diesem Abschnitt werden wir die Integration bei einigen einfachen Aufgaben anwenden.

In Kapitel II haben wir gelernt, wie man die Geschwindigkeit eines Teilchens feststellt, wenn man seinen Ort, ausgedrückt durch die Zeit, kennt. Jetzt können wir den Vorgang umkehren und den Ort aus der Geschwindigkeit herleiten. Stellen wir uns vor, daß wir bei dichtem Nebel im Auto eine gerade Straße entlang fahren. Außerdem möge der Kilometerzähler nicht funktionieren. Anstatt die ganze Zeit über die Straße zu verfolgen, behalten wir das Tachometer im Auge. Wir verfügen über eine gute Uhr und verzeichnen fortlaufend die Geschwindigkeit, wobei wir zum Zeitpunkt des Starts anfangen. Die Aufgabe besteht darin, herauszufinden, wie weit wir gefahren sind. (Das ist eine gefährliche Methode, um ein Auto zu lenken; sie wird aber tatsächlich angewandt, um Unterseeboote und Raumschiffe zu steuern.) Genauer gesagt: wenn $v(t)$ gegeben ist, wie finden wir dann $S(t)$, d. h. die Entfernung, die wir seit dem Zeitpunkt t_0 zurückgelegt haben, zu dem wir losgefahren sind? Versuchen Sie, eine Methode zu entwickeln.

$S(t) =$ ....

Zur Kontrolle der Lösung weiter nach **367** .

367 Da

$$v = \frac{dS}{dt},$$

muß $dS = v\, dt$ sein (wie in **266** gezeigt wurde.) Integrieren wir nun beide Seiten vom Ausgangspunkt ($t = t_0$, $S = 0$) zum Endpunkt (t, S). Wir finden

$$\int_{S=0}^{S} dS = \int_{t_0}^{t} v\, dt, \text{ so daß}$$

$$S = \int_{t_0}^{t} v\, dt.$$

Wenn Sie dieses Resultat nicht gefunden haben oder wenn Sie weitere Erklärungen suchen, weiter nach **368**.
Anderenfalls weiter nach **369**.

368

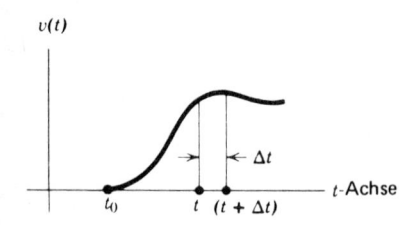

Eine andere Möglichkeit, diese Aufgabe zu verstehen, besteht darin, daß man sie graphisch betrachtet. Die Abbildung zeigt ein Diagramm von $v(t)$ als Funktion von t. In der Zeit Δt beträgt die zurückgelegte Entfernung $\Delta S = v\, \Delta t$. Somit ist die gesamte zurückgelegte Entfernung gleich dem Inhalt der Fläche unter der Kurve, zwischen der Anfangszeit und der fraglichen Zeit, und diese ist $\int_{t_0}^{t} v(t)\, dt$.
Weiter nach **369**.

Antwort **364**: $\pi/2$

5. Einige Anwendungen der Integration

369 Angenommen, ein Gegenstand bewege sich mit einer Geschwindigkeit, die in der folgenden Weise stetig abnimmt:

$$v(t) = v_0 \, e^{-bt}.$$

v_0 und b sind Konstante.

Bei $t = 0$ befindet sich der Gegenstand im Ursprung, $S = 0$. Welcher der folgenden Ausdrücke stellt die Entfernung dar, die der Gegenstand nach einer unendlichen Zeit zurückgelegt hat (oder nach einer sehr langen Zeit, wenn Sie das vorziehen)?

$\quad 0 \quad v_0 \quad v_0 \, e^{-1} \quad \dfrac{v_0}{b} \quad \infty$

Wenn richtig, weiter nach **371**.
Anderenfalls weiter nach **370**.

---

370 Die Aufgabe aus **369** ist wie folgt zu lösen:

$$S(t) - S(0) = \int_0^t v \, dt = \int_0^t v_0 \, e^{-bt} \, dt$$

$$S(t) - 0 = -\frac{v_0}{b} e^{-bt} \Big|_0^t = -\frac{v_0}{b}(e^{-bt} - 1)$$

Uns interessiert $\lim\limits_{t \to \infty} S(t)$, aber da $e^{-bt} \to 0$, wenn $t \to \infty$, erhalten wir

$$\lim_{t \to \infty} S(t) = -\frac{v_0}{b}(0 - 1) = \frac{v_0}{b}$$

Obwohl der Gegenstand nie ganz zur Ruhe kommt, wird seine Geschwindigkeit so klein, daß die gesamte zurückgelegte Strecke endlich ist.

Weiter nach **371**.

| 371 | Nicht alle Integrale ergeben endliche Resultate. Als Beispiel versuchen Sie die folgende Aufgabe.

Ein Teilchen fliegt vom Ursprung aus bei $t = 0$ mit einer Geschwindigkeit $v(t) = v_0/(b + t)$, wobei v_0 und b Konstante sind.

Wie weit fliegt es, wenn $t \to \infty$?

$v_0 \ln \frac{1}{b}$ $\frac{v_0}{b}$ $\frac{v_0}{b^2}$ keines von diesen

Weiter nach | 372 |.

| 372 | Es ist leicht zu sehen, daß Aufgabe | 371 | zu einem unendlichen Integral führt.

$$S(t) - 0 = \int_{t=0}^{t} v_0 \frac{dt}{b+t} = v_0 \ln(b+t) \Big|_0^t$$

$$= v_0 [\ln(b+t) - \ln b]$$

$$= v_0 \ln\left(1 + \frac{t}{b}\right)$$

Da $\ln(1 + \frac{t}{b}) \to \infty$, wenn $t \to \infty$, sehen wir, daß $S(t) \to \infty$, wenn $t \to \infty$.

In diesem Fall fliegt das Teilchen immer schnell genug, so daß seine Bewegung unbegrenzt ist. Oder anders gesagt, der Inhalt der Fläche unter der Kurve $v(t) = v_0/(b+t)$ nimmt unbegrenzt zu, wenn $t \to \infty$.

Weiter nach | 373 |.

Antwort | 369 |: v_0/b.

5. Einige Anwendungen der Integration

373 In den nächsten Lernschritten werden wir die Integration anwenden, um das Volumen eines geraden Kreiskegels zu berechnen.

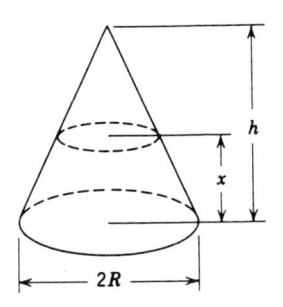

Die Höhe des Kegels ist h, und der Radius der Basis ist R. Es stelle x die vertikale Entfernung von der Basis dar. Unsere Methode ähnelt der in 348 verwendeten, als wir den Flächeninhalt unter einer Kurve suchten. Wir teilen den Körper in mehrere Scheiben auf; sein Volumen ist annähernd das des Kegels in der Abbildung (der Kegel wurde durch 8 kreisrunde Scheiben angenähert). Wir erhalten dann

$$V = \sum_{i=1}^{8} \Delta V_i,$$

wobei ΔV_i das Volumen einer der Scheiben ist. Im Grenzfall, in dem die Höhe jeder Scheibe (und somit ihr Volumen) nach 0 strebt, ist

$$V = \int dV.$$

Um das zu berechnen, benötigen wir einen Ausdruck für dV. Diesen finden wir in 374.

|374| Da wir den Grenzwert $\Delta V \to 0$ bilden werden, wollen wir das Volumenelement von Anfang an durch dV darstellen.

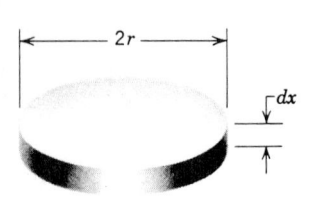

Die Abbildung zeigt das Bild eines Kegelabschnittes, der für unsere Zwecke durch eine Scheibe dargestellt wird. Der Radius der Scheibe ist r, ihre Höhe dx. Versuchen Sie, dV durch x auszudrücken. (Man muß r durch x ausdrücken.)

$dV = \;$ ....

Zur Prüfung des Resultats oder um zu sehen, wie es erzielt wird, weiter nach |375|.

|375| $dV = \pi R^2 \left(1 - \dfrac{x}{h}\right)^2 dx.$

Bei richtiger Antwort weiter nach |376|.

Um zu sehen, wie sie abgeleitet wird, bitte weiterlesen.

Das Volumen der Scheibe ist das Produkt aus dem Inhalt der Grundfläche und der Höhe. Daher ist $dV = \pi r^2 \, dx$. Die restliche Aufgabe besteht darin, r durch x auszudrücken.

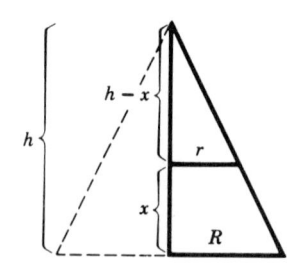

Das Diagramm zeigt einen Schnitt durch den Kegel. Da r und R die entsprechenden Kanten von ähnlichen Dreiecken sind, muß klar sein, daß $\dfrac{r}{R} = \dfrac{h-x}{h}$ oder $r = R\left(1 - \dfrac{x}{h}\right)$.

Somit ist $dV = \pi R^2 \left(1 - \dfrac{x}{h}\right)^2 dx.$

Weiter nach |376|.

Antwort |371|: keines von diesen

5. Einige Anwendungen der Integration

376

Wir haben nun ein Integral für V erhalten.

$$V = \int_0^h dV = \int_0^h \pi R^2 \left(1 - \frac{x}{h}\right)^2 dx.$$

Versuchen Sie, es auszurechnen.

$V = \dots\dots\dots\dots\dots\dots\dots\dots\dots\dots$

Zur Kontrolle des Resultats weiter nach 377.

377

Das zu erzielende Resultat war

$$V = \frac{1}{3} \pi R^2 h.$$

Ein Lob, wem das gelungen ist. Weiter nach 378. Anderenfalls bitte weiterlesen.

$$V = \int_0^h \pi R^2 \left(1 - \frac{x}{h}\right)^2 dx = \pi R^2 \int_0^h \left(1 - \frac{2x}{h} + \frac{x^2}{h^2}\right) dx$$

$$= \pi R^2 \left[x - \frac{x^2}{h} + \frac{1}{3} \frac{x^3}{h^2}\right]\Bigg|_0^h = \pi R^2 \left(h - h + \frac{1}{3} h\right)$$

$$= \frac{1}{3} \pi R^2 h.$$

Weiter nach 378.

378

Eine weitere Aufgabe: Suchen wir das Volumen einer Kugel.

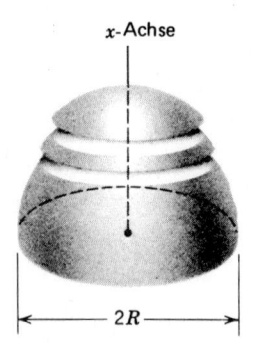

Es vereinfacht die Sache, wenn wir das Volumen einer Halbkugel V' suchen; das ist dann genau die Hälfte des verlangten Volumens V. Somit ist $V' = V/2$.

Können Sie ein Integral angeben, das das Volumen der Halbkugel ergibt? (Die Scheibe der in der Abbildung dargestellten Halbkugel kann dabei von Nutzen sein.)

$V' = $ ....

Die richtige Formel finden wir in 379 .

379

Die Formel lautet

$$V' = \int_0^R \pi (R^2 - x^2) \, dx.$$

Wenn Sie das geschrieben haben, weiter nach 380 .
Anderenfalls bitte weiterlesen.

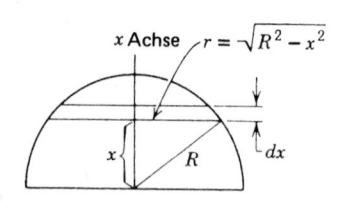

Die Abbildung zeigt einen vertikalen Schnitt durch die Halbkugel. Das Volumen der Scheibe zwischen x und $x + dx$ beträgt $\pi r^2 \, dx$. Aber wie wir dem eingezeichneten Dreieck entnehmen können, ist $x^2 + r^2 = R^2$, so daß
$$r^2 = R^2 - x^2.$$

Folglich ist $dV' = \pi (R^2 - x^2) \, dx$ und $V' = \int_0^R \pi (R^2 - x^2) \, dx$.

Weiter nach 380 .

5. Einige Anwendungen der Integration

---

380 Berechnen Sie nun das Integral

$$V' = \int_0^R \pi (R^2 - x^2) \, dx.$$

$V' = \ldots\ldots\ldots\ldots\ldots\ldots\ldots\ldots\ldots\ldots\ldots\ldots$.

Weiter nach **381** .

---

381 $V' = \int_0^R \pi (R^2 - x^2) \, dx = \pi \left[R^2 x - \frac{1}{3} x^3\right] \Big|_0^R$

$= \pi (R^3 - \frac{1}{3} R^3) = \frac{2}{3} \pi R^3.$

Da $V = 2 V'$, $\qquad V = \frac{4}{3} \pi R^3$

Weiter nach Abschnitt 6, Lernschritt **382** .

Abschnitt 6. Mehrfache Integrale

382 Das Thema dieses Abschnitts, die mehrfachen Integrale, ist interessant, aber auch etwas schwieriger, und je nach Ihren speziellen Interessen kann es sein, daß es für Ihre spätere Arbeit weniger wichtig ist. Wenn Sie also das Gefühl haben, daß Sie genügend Integralrechnung gelernt haben, überspringen Sie die folgenden Lernschritte bis zur Zusammenfassung dieses Kapitel, $\boxed{400}$. Anderenfalls lesen Sie bitte hier weiter.

Bisher haben wir einfache Integrale wie $\int_a^b f(x)\,dx$ betrachtet. Nun wollen wir eine etwas allgemeinere Form eines Integrals untersuchen. Zunächst versuchen wir, neue Wege zu finden, um eine uns vertraute Aufgabe zu betrachten.

Angenommen, wir suchen den Inhalt der von einer geschlossenen Kurve begrenzten Fläche. Es kann sein, daß die Kurve durch kompliziertere Ausdrücke definiert ist, als wir sie bisher betrachtet haben. Beispielsweise ist die durch

$$x^2 + y^2 - r^2 = 0$$

gegebene Kurve ein Kreis mit dem Radius r, dessen Mittelpunkt im Ursprung liegt. Die in der Abbildung gezeigte Kurve stellt irgendeine andere Gleichung dar, die x und y miteinander verknüpft. Unsere Aufgabe besteht darin, den Inhalt A der eingeschlossenen Fläche zu finden.

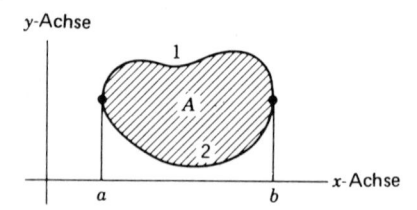

Wir könnten den Flächeninhalt unter Kurve (1) zwischen a und b suchen und dann den Flächeninhalt unter Kurve (2) davon subtrahieren; es gibt jedoch andere Wege, um diese Aufgabe zu lösen.

Um das herauszufinden, weiter nach $\boxed{383}$.

6. Mehrfache Integrale

|383| Teilen wir zunächst die Fläche in Streifen ein, wie wir es in |348| getan haben, wo wir den Inhalt der Fläche zwischen einer Kurve und der x-Achse gefunden haben. Der grundlegende Unterschied besteht darin, daß hier die Koordinaten der beiden Enden des Streifens von dem x-Wert am Streifen abhängen. Wenn daher die Breite jedes Streifens Δx beträgt, so ist der Flächeninhalt des schraffierten Streifens $\Delta x \times (y_2 - y_1)$.

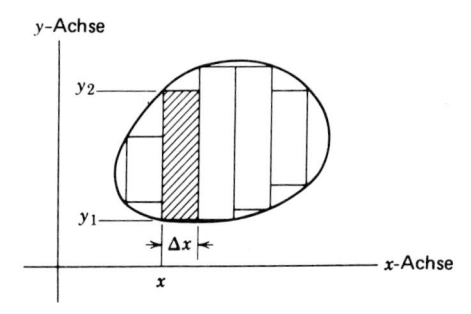

Wenn $y_2(x)$ den y-Wert am oberen Ende eines in x gelegenen Streifens darstellt und $y_1(x)$ den y-Wert am unteren Ende, so erhalten wir, indem wir dieselben Argumente wie in |352| verwenden,

$$A = \lim_{\Delta x \to 0} \sum_{i=1}^{n} [y_2(x_i) - y_1(x_i)] \Delta x = \int_a^b [y_2(x) - y_1(x)] \, dx$$

Betrachten wir nun eine weitere Möglichkeit, A auszudrücken.

Dazu weiter nach |384|.

|384| Das Bild zeigt einen der Streifen, die die Fläche der Figur in |383| ausmachen. Wir können die Streifen in kleinere Flächen unterteilen, die sich aus Rechtecken mit der Höhe Δy und derselben Breite wie der Streifen, Δx, zusammensetzen. Wie aus der Abbildung hervorgeht, ist dann der Flächeninhalt der Streifen annähernd gleich der Summe aus den Flächeninhalten der Rechtecke. Flächeninhalt des Streifens $\approx \Sigma_y \Delta y \Delta x$. Der Einfachheit halber sollen die Grenzwerte der Summe hier nicht gezeigt werden. Wir erinnern nur daran, daß die Summe vom kleinsten y-Wert, y_1, bis zum größten y-Wert, y_2, läuft. Der untere Index y bei Σ soll daran erinnern, daß wir die Summe aus allen Δy's bilden, die mit einem festen Δx multipliziert sind.

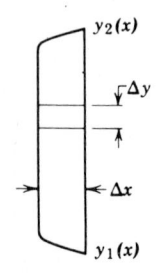

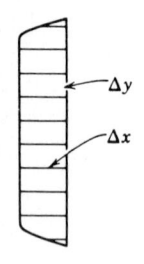

Unser nächster Schritt besteht darin, daß wir den Inhalt der gesamten, von der Kurve eingeschlossenen Fläche durch die Grenzwerte von zwei Summen ausdrücken, wobei die eine über x, die andere über y gebildet wurde. Versuchen Sie das. Der Einfachheit halber lassen Sie die Grenzwerte an den Summen weg.

$A = $ ....

Die richtige Antwort und eine Diskussion der Aufgabe finden Sie in |385| .

6. Mehrfache Integrale

$\boxed{385}$ Der richtige Ausdruck lautet

$$A = \lim_{\Delta x \to 0} \Sigma_x \left[\lim_{\Delta y \to 0} \Sigma_y \Delta y \right] \Delta x$$

$$= \lim_{\Delta x \to 0} \lim_{\Delta y \to 0} \Sigma_x \Sigma_y \Delta y \Delta x.$$

Ausgezeichnet, wenn Sie einen der beiden Ausdrücke oben gefunden haben! Sie sind gleichwertig und beide richtig. Bei richtigem oder falschem Ergebnis in jedem Falle bitte weiterlesen.

Die zweite Formel läßt eine besonders einfache Interpretation der Bedeutung der Doppelsumme zu.

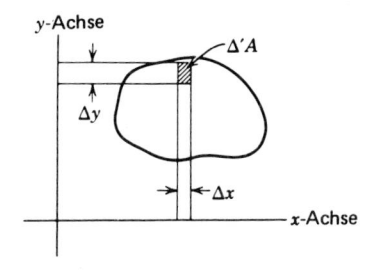

$\Delta y \Delta x$ ist der Flächeninhalt des kleinen Rechtecks in der Abbildung; wir können ihn mit $\Delta'A$ gleichsetzen. $\Delta'A$ ist ein Zuwachs des Flächeninhalts. Das Symbol (') soll uns daran erinnern, daß $\Delta'A$ das Produkt aus zwei kleinen Größen, Δx und Δy, ist. Wenn wir die Summe über x und y bilden, summieren wir in Wirklichkeit alle $\Delta'A$'s in der Fläche. Somit können wir die Formel auch als

$$A = \lim_{\Delta x \to 0} \lim_{\Delta y \to 0} \Sigma_x \Sigma_y \Delta'A$$

schreiben.

Um jedoch die Fläche zu berechnen, werden wir die Summen in bestimmte Integrale umwandeln; dazu verwenden wir die oben angegebene Formel für A.

Weiter nach $\boxed{386}$.

|386| Unser bisheriges Resultat lautet

$$A = \lim_{\Delta x \to 0} \Sigma_x \left\{ \lim_{\Delta y \to 0} \Sigma_y \Delta y \right\} \Delta x.$$

Die Größe in der Klammer ist einem bestimmten Integral sehr ähnlich. Tatsächlich finden wir, indem wir das Resultat aus |352| verwenden, daß

$$\lim_{\Delta y \to 0} \Sigma_y \Delta y = \int_{y_1}^{y_2} dy$$

Die Grenzen von y, die wir seit |384| ausgelassen haben, wurden hier ausdrücklich eingesetzt. Man erinnere sich, daß diese Grenzen, y_1 und y_2, von x abhängen. Für den Fall, daß die Verwendung von dy befremdet, wird dies im nächsten Lernschritt diskutiert. Das bestimmte Integral oben ist leicht zu berechnen:

$$\int_{y_1}^{y_2} dy = y_2 - y_1$$

Wir werden es jedoch im Augenblick als Integral stehenlassen; unser neues Resultat ist dann

$$A = \lim_{\Delta x \to 0} \Sigma_x \left[\int_{y_1}^{y_2} dy \right] \Delta x$$

Sie sollten nun in der Lage sein, A vollständig durch bestimmte Integrale auszudrücken. Dabei stelle a den kleinsten und b den größten x-Wert in der Fläche dar.

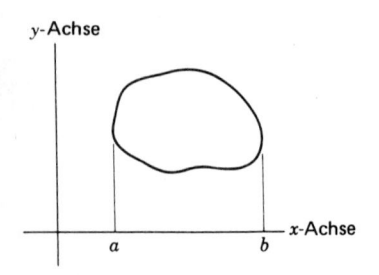

$A = \ldots\ldots\ldots\ldots\ldots\ldots\ldots\ldots\ldots\ldots\ldots\ldots\ldots\ldots\ldots$

Die richtige Antwort befindet sich in |387|.

6. Mehrfache Integrale

387 Unser endgültiges Resultat lautet

$$A = \int_a^b \left[\int_{y_1}^{y_2} dy \right] dx$$

In diesem Zusammenhang sind sowohl dx als auch dy immer unabhängige Differentiale. In Kap. II Abschn. 11 war das nicht der Fall. Der Grund liegt darin, daß y zwar auf der Kurve von x abhängt, daß wir aber x und y als unabhängige Variable betrachten können, wenn wir über die Fläche innerhalb der Kurve integrieren. Die x-Abhängigkeit von y wird in der Aufgabe durch die Grenzen am y-Integral verursacht. Sowohl y_2 als auch y_1 hängen von x ab. Ehe wir weitergehen, ist hervorzuheben, daß hier die Rollen von x und y austauschbar sind. Wir können erst x von einer Ecke der Fläche zur anderen integrieren und dann y über den zulässigen Bereich.

Wie dies praktisch durchgeführt wird, zeigt das folgende Beispiel. Dazu *weiter nach* **388**.

388 Bevor Sie eine Aufgabe selbständig zu lösen versuchen, ist es vielleicht von Nutzen, wenn Sie die ausführliche Durchführung an einem Beispiel sehen. Verwenden wir diese Methode und suchen den Flächeninhalt eines Kreises, der durch $x^2 + y^2 - R^2 = 0$ gegeben ist. Der Radius des Kreises ist R, das Ergebnis kennen wir im voraus: $A = \pi R^2$.

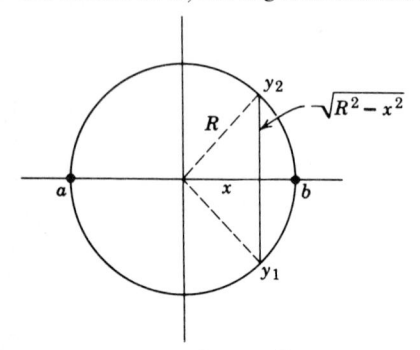

Es ist $\quad A = \int_a^b \left[\int_{y_1}^{y_2} dy \right] dx$.

Aus der Abbildung ist ersichtlich, daß $a = -R$, $b = R$,

$$y_1 = -\sqrt{R^2 - x^2},\ y_2 = \sqrt{R^2 - x^2}.$$

Daher ist
$$A = \int_{-R}^{+R} \left[\int_{-\sqrt{R^2 - x^2}}^{\sqrt{R^2 - x^2}} dy \right] dx.$$

Das y-Integral lautet

$$\int_{-\sqrt{R^2 - x^2}}^{\sqrt{R^2 - x^2}} dy = y \Big|_{-\sqrt{R^2 - x^2}}^{\sqrt{R^2 - x^2}} = 2\sqrt{R^2 - x^2}.$$

Wenn wir dies in unsere Formel für A einsetzen, erhalten wir

$$A = 2 \int_{-R}^{+R} \sqrt{R^2 - x^2}\ dx.$$

Einem Integral dieser Art sind wir bisher noch nicht begegnet. Zur Fortführung der Rechnung
weiter nach **389**.

6. Mehrfache Integrale

389 Unsere Aufgabe besteht darin, $\int_{-R}^{+R} \sqrt{R^2 - x^2}\, dx$ auszurechnen.

Dieses Integral ist in der Integraltafel in diesem Buch nicht aufgeführt; man findet es aber in vollständigeren Tafeln, auf die in Anhang B6 hingewiesen wird. Das Resultat ist

$$\int \sqrt{R^2 - x^2}\, dx = \frac{1}{2}[x\sqrt{R^2 - x^2} + R^2 \arcsin \frac{x}{R}].$$

Wir können die Richtigkeit überprüfen, indem wir den Ausdruck auf der rechten Seite differenzieren. (Formel (19) in Tab. 1, S. 284, ist hierbei nützlich.)

Unser Resultat lautet daher

$$A = 2\int_{-R}^{+R} \sqrt{R^2 - x^2}\, dx = [x\sqrt{R^2 - x^2} + R^2 \arcsin \frac{x}{R}]\Big|_{-R}^{+R}$$

$$= R^2 [\arcsin(1) - \arcsin(-1)]$$

Da $\arcsin(1) = \frac{\pi}{2}$ und $\arcsin(-1) = -\frac{\pi}{2}$, erhalten wir

$$A = R^2 [\frac{\pi}{2} - (-\frac{\pi}{2})] = \pi R^2.$$

Nun sind Sie an der Reihe!

Weiter nach **390**.

390

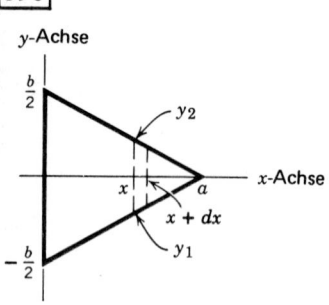

Suchen wir den Flächeninhalt des abgebildeten Dreiecks, indem wir die in diesem Abschnitt entwickelte Methode verwenden.

$$A = \int_{x_{min}}^{x_{max}} \int_{y_1}^{y_2} dy\, dx$$

Das einzig wirkliche Problem besteht darin, die Grenzen der Integrale zu finden. (Können Sie das?)

$y_2 = \dots\dots\dots$ $y_1 = \dots\dots\dots$

$x_{max} = \dots\dots\dots$ $x_{min} = \dots\dots\dots$

Die richtige Lösung finden Sie in 391.

391

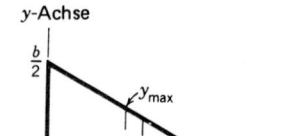

Aus dem Diagramm muß ersichtlich sein, daß

$$y_2 = \frac{b}{2}\left(1 - \frac{x}{a}\right)$$

$$y_1 = -\frac{b}{2}\left(1 - \frac{x}{a}\right).$$

(Wenn Zweifel bestehen, wiederholen Sie 375.)

$x_{max} = a \qquad x_{min} = 0$

Daher ist

$$A = \int_0^a \left[\int_{-\frac{b}{2}(1-\frac{x}{a})}^{+\frac{b}{2}(1-\frac{x}{a})} dy \right] dx.$$

Als nächstes lösen Sie das y-Integral.

$$\int_{-\frac{b}{2}(1-\frac{x}{a})}^{\frac{b}{2}(1-\frac{x}{a})} dy = \dots\dots\dots$$

Zur Kontrolle des Resultats weiter nach 392.

6. Mehrfache Integrale

392

Das Integral ist einfach, da

$$\int_{y_1}^{y_2} dy = y \Big|_{y_1}^{y_2} = y_2 - y_1$$

$$\int_{-\frac{b}{2}(1-\frac{x}{a})}^{+\frac{b}{2}(1-\frac{x}{a})} dy = \frac{b}{2}(1-\frac{x}{a}) - [-\frac{b}{2}(1-\frac{x}{a})]$$

$$= b(1-\frac{x}{a}).$$

Vervollständigen Sie die Aufgabe durch die Lösung des x-Integrals.

$A = $ ....

Weiter nach **393**.

393

$$A = \int_0^a b(1-\frac{x}{a}) dx = b(x - \frac{1}{2}\frac{x^2}{a}) \Big|_0^{+a}$$

$$= b(a - \frac{1}{2}\frac{a^2}{a}) = \frac{1}{2}ab.$$

Dies führt zu einem bekannten Ergebnis — der Flächeninhalt des Dreiecks = 1/2 Basis x Höhe.

Die folgende Aufgabe ist weniger bekannt.

Weiter nach **394**.

394 Angenommen, unser Dreieck ist die Basis eines Gegenstandes, der aus einem Material von unterschiedlicher Dicke besteht. Diese Dicke, z, schwankt in folgender Weise:

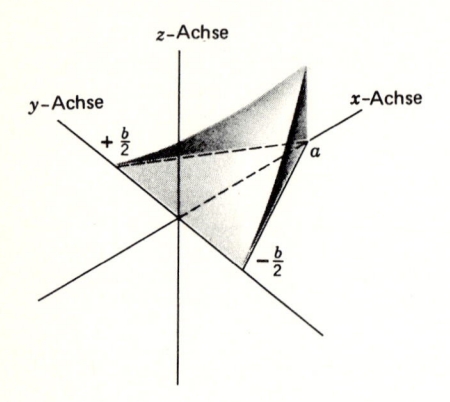

$z = Cx^2$, wobei C eine Konstante ist. (Das ist ein seltsames Stück Material. Entlang der y-Achse hat es die Dicke 0; die Dicke nimmt aber schnell zu, wenn x zunimmt.) Die flache Basis des Gegenstandes liegt in der x-y-Ebene.

Unsere Aufgabe besteht darin, das Volumen des Gegenstandes zu finden.

Weiter nach 395 .

---

395 Wir gehen so vor wie zuvor; jetzt müssen wir aber über drei Dimensionen summieren.

Es sei dV = Volumen des Elements mit den Seiten dx, dy, dz.

$$V = \int \int \int dV = \int \left\{ \int [\int dz] \, dy \right\} dx$$

(die Grenzen wurden hier der Einfachheit halber weggelassen.)

Können Sie die z-Integration durchführen? (Wenn Sie nicht weiter wissen, lesen Sie noch einmal 392 .)

$$\int_{z_1}^{z_2} dz = \ldots\ldots\ldots\ldots\ldots\ldots\ldots\ldots\ldots\ldots$$

Die Antwort befindet sich in 396 .

396

$$\int_{z_1}^{z_2} dz = z_{max} - z_{min} = C x^2 - 0 = C x^2$$

so daß $V = \int_{x_{min}}^{x_{max}} \left\{ \int_{y_1}^{y_2} C x^2 \, dy \right\} dx$

Sie sollten in der Lage sein, diese Aufgabe durchzurechnen. Versuchen Sie es, und überprüfen Sie dann das Resultat in 397 .

$V = \dots\dots\dots\dots\dots\dots\dots\dots\dots\dots$

Weiter nach 397 .

397

Die Grenzen für x und y sind dieselben wie in 390 . Somit ist

$$V = \int_0^a \left[\int_{-\frac{b}{2}(1-\frac{x}{a})}^{+\frac{b}{2}(1-\frac{x}{a})} C x^2 \, dy \right] dx$$

$$= \int_0^a C x^2 \left[y \Big|_{-\frac{b}{2}(1-\frac{x}{a})}^{+\frac{b}{2}(1-\frac{x}{a})} \right] dx$$

$$= \int_0^a C x^2 \, b \, (1 - \frac{x}{a}) \, dx = b \, C \, (\frac{1}{3} x^3 - \frac{1}{4} \frac{x^4}{a}) \Big|_0^a$$

$$= b \, C \, (\frac{1}{3} a^3 - \frac{1}{4} a^3) = \frac{b \, C \, a^3}{12}.$$

Weiter nach 398 .

398 Die mehrfache Integration erscheint vielleicht als komplizierter Vorgang, mit dem etwas grundsätzlich Einfaches durchgeführt wird. In unserem Ausdruck für den Flächeninhalt

$$A = \int [\int dy] \, dx$$

ergab die y-Integration immer $y_2 - y_1$, so daß wir

$$A = \int (y_2 - y_1) \, dx$$

erhielten, was genau unser Ausgangspunkt in **384** war. Wenn dies die einzige Verwendung der mehrfachen Integrale wäre, so wäre unser Einwand berechtigt. Mehrfache Integrale können aber für viele andere Probleme als nur zur Flächenberechnung verwendet werden. Beispielsweise können wir Integrale in der Form

$$G = \int_{x_{\min}}^{x_{\max}} \left[\int_{y_1}^{y_2} g(x, y) \, dy \right] dx$$

berechnen, wobei $g(x, y)$ eine Variable ist, die sowohl von x als auch y abhängt und wo die Grenzen y_1 und y_2 von x abhängen. Wir hatten ein solches Beispiel in **397**, wo $g(x, y) = C x^2$. Der Ablauf ist direkt: man sucht die Grenzen für jedes Integral und führt die y-Integration durch, wobei x in $g(x, y)$ als Konstante behandelt wird. Dann wird nach x integriert. Der Vorgang läßt sich leicht auf Integrale mit weiteren Variablen ausdehnen.

Wenn Sie an einem anderen Beispiel einer solchen Integration interessiert sind, weiter nach **399**.

Anderenfalls weiter nach Abschnitt 7, Lernschritt **400**.

6. Mehrfache Integrale

399 Im vorliegenden Lernschritt wollen wir

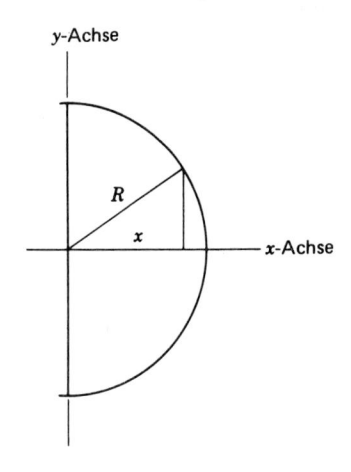

$$G = \iint (x+y) \, dy \, dx$$

berechnen, wobei die Fläche wie in der Abbildung von dem Halbkreis eingeschlossen wird. Das y-Integral ergibt:

$$\int_{-\sqrt{R^2-x^2}}^{\sqrt{R^2-x^2}} (x+y) \, dy =$$

$$(xy + \frac{1}{2}y^2) \Big|_{-\sqrt{R^2-x^2}}^{\sqrt{R^2-x^2}} =$$

$$= 2x\sqrt{R^2-x^2}.$$

Es ist dann

$$G = \int_0^R 2x\sqrt{R^2-x^2} \, dx.$$

Wir können dieses Integral berechnen, indem wir die neue Variable $u = x^2$ einführen. Dann ist $du = 2x \, dx$, und wir erhalten

$$G = \int_0^{R^2} (R^2 - u)^{1/2} \, du.$$

(Beachten Sie, daß wir in den Grenzen $u = x^2$ eingesetzt haben. Somit ist an der oberen Grenze $x = R$ und $u = R^2$. Wenn wir eine Variable ändern, müssen wir dieselbe Änderung auch an den Grenzen vornehmen.)

Wenn wir wiederum substituieren – dieses Mal $s = R^2 - u$ und $ds = -du$, – so erhalten wir

$$G = -\int_{R^2}^{0} s^{1/2} \, ds = +\int_0^{R^2} s^{1/2} \, ds = \frac{2}{3} s^{3/2} \Big|_0^{R^2}$$

$$= \frac{2}{3}(R^2)^{3/2} = \frac{2}{3} R^3.$$

Weiter nach Abschnitt 7, Lernschritt **400**.

Abschnitt 7. Zusammenfassung

$\boxed{400}$ Inzwischen sollten Sie die Prinzipien der Integration verstanden haben und in der Lage sein, einige Integrale zu berechnen. Mit der Übung wird auch Ihr Repertoire größer werden. Zögern Sie nicht, Integraltafeln zu benutzen — das machen alle. Sehr umfassende Tafeln sind:

W. Gröbner, N. Hofreiter, *Integraltafel I, II*. Springer Verlag, Wien, 1949.

H. Dwight, *Tables of Integrals and Other Mathematical Data*. Macmillan Co., New York, 1961.

I. S. Gradshteyn, I. M. Ryzhik, *Table of Integrals, Series and Products*. Academic Press, New York, 1965.

Integraltafeln finden Sie auch in den laufenden Ausgaben des *Handbook of Chemistry and Physics*, Chemical Rubber Publishing Co., Cleveland, Ohio.

Wir sollten das Thema jedoch nicht verlassen, ohne die numerische Berechnung kurz zu erwähnen. Ein Wort hierzu

in $\boxed{401}$.

7. Zusammenfassung

401 Manchmal ist es unmöglich, das Integral einer Funktion zu finden. Es ist jedoch immer möglich, den Inhalt der Fläche unter einer Kurve wenigstens näherungsweise zu finden. Eine einfache Näherungsmethode besteht darin, daß man die Funktion auf Millimeterpapier graphisch darstellt und dann die Anzahl der Quadrate in der Fläche abzählt.

Bei einer anderen groben, aber schnellen Methode wird die Kurve auf glatte, schwere Pappe gezeichnet, die gewünschte Fläche wird ausgeschnitten und dann gewogen. Es gibt außerdem Apparate, Planimeter genannt, die jede Fläche, deren Begrenzung von einem Stift abgetastet wurde, mechanisch integrieren.

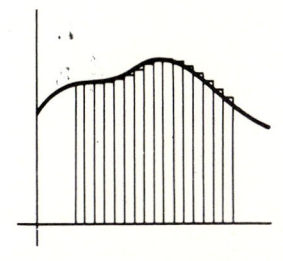

Es besteht immer die Möglichkeit, ein bestimmtes Integral durch numerische Integration beliebig genau zu berechnen. Sucht man den Inhalt der Fläche unter einer Kurve, so teilt man sie einfach in eine angemessene Anzahl von Streifen auf, stellt die Höhe jedes Streifens fest, multipliziert sie mit der Breite und addiert die Beiträge aller Streifen. Je schmaler die Streifen, desto besser das Ergebnis — um so größer aber auch die Arbeit. Durch die Benutzung von elektronischen Rechenmaschinen wird diese Methode jedoch höchst effektiv, während sie in der Vergangenheit oft nicht praktikabel war.

Weiter nach **402**.

402 Damit sind wir beim letzten Lernschritt angekommen. Soviel Mühe sollte belohnt werden — wir können aber nur versprechen, daß es nur noch einmal „Weiter nach" in diesem Buch heißt.

Das nächste Kapitel ist eine Übersicht; es umreißt in knapper Form alle in diesem Buch vorgestellten Begriffe. Auch wenn Sie das Kapitel bereits teilweise gelesen haben, sollten Sie es nun gründlich durcharbeiten. Es kann Ihnen später zum Nachschlagen von Nutzen sein.

Die Anhänge enthalten viele interessante Leckerbissen: Ableitungen von Formeln, Erklärungen spezieller Themen und dgl. mehr.

Wenn Sie sich weiterhin anstrengen und noch etwas mehr Übung bekommen wollen, so finden Sie auf S. 275 ff. eine Reihe von Übersichtsaufgaben mit den entsprechenden Lösungen.

Nun weiter nach Kapitel IV.

Kapitel IV
Übersicht

Dieses Kapitel ist eine Übersicht und die knappe Zusammenfassung des Gelernten. Beweise und ausführliche Erklärungen, die in den drei vorangegangenen Kapiteln gegeben wurden, werden hier nicht wiederholt; es wird aber auf die betreffenden Lernschritte hingewiesen. Dieses Kapitel enthält ausnahmsweise keine Fragen, so daß man es von Anfang bis Ende wie einen normalen Text lesen kann, es sei denn, daß Sie hier und da auf frühere Diskussionen Bezug nehmen wollen.

Übersicht von Kapitel I. Einige Vorbemerkungen
Abschnitt 1. Funktionen (vgl. $\boxed{1}$ – $\boxed{13}$)

Eine Menge ist eine Ansammlung von Objekten – nicht notwendigerweise von materiellen Objekten – die so beschrieben sind, daß kein Zweifel besteht, ob ein bestimmtes Objekt zu der Menge gehört oder nicht. Eine Menge kann durch Aufzählen ihrer Elemente oder mit Hilfe einer Regel beschrieben werden.

Wenn jedes Element einer Menge A genau einem Element der Menge B zugeordnet ist, dann nennt man diese Zuordnung eine *Funktion* von A zu B. Die Menge A nennt man den Definitionsbereich der Funktion. (In Anhang B1, S. 263, werden einige Bemerkungen bezüglich einer anderen Definition einer Funktion angeführt.)

Wenn ein Symbol, beispielsweise x, verwendet wird, um irgendein Element der Menge A (des Definitionsbereichs der Funktion) darzustellen, so wird es die *unabhängige Variable* genannt. Wenn das Symbol y das Element der Menge B darstellt, das dem Element x durch die Funktion zugeordnet ist, nennen wir y die *abhängige Variable*.

Eine Möglichkeit, eine Funktion genau anzugeben, besteht darin, daß die Zuordnung zwischen allen entsprechenden Elementen der beiden Mengen in einer Liste aufgestellt wird. Die andere Möglichkeit besteht in einer Regel, nach der man die abhängige Variable findet, indem man sie durch die unabhängige Variable ausdrückt. Beispielsweise könnte eine Funktion, die der unabhängigen Variablen t die abhängige Variable S zuordnet, durch die Gleichung

$$S = 2t^2 + 6t$$

angegeben werden.

Sofern nicht anders vermerkt wird, nehmen wir an, daß die unabhängige Variable jede reelle Zahl sein kann, für die die abhängige Variable gleichfalls eine reelle Zahl ist.

Wir stellen eine Funktion gewöhnlich durch einen Buchstaben wie f dar. Ist die unabhängige Variable x, dann wird die durch die Funktion f zugeordnete abhängige Variable y oft als $f(x)$ geschrieben und „f von x" gelesen. Es können aber auch andere Symbole verwandt werden, beispielsweise $z = H(v)$;

Abschnitt 2. Graphische Darstellungen (vgl. $\boxed{14}$ – $\boxed{22}$)

Ein bequemer Weg, eine Funktion darzustellen, besteht darin, daß man ihre graphische Darstellung zeichnet, wie in $\boxed{15}$–$\boxed{18}$ beschrieben. Die zueinander senkrechten *Koordinatenachsen* schneiden einander im *Ursprung*. Die horizontal verlaufende Achse heißt die *horizontale Achse* oder *x-Achse*. Die vertikal verlaufende Achse heißt die *vertikale Achse* oder *y-Achse*. Der Wert der x-Koordinate in einem Punkt wird die *Abszisse* genannt und der Wert der y-Koordinate die *Ordinate*.

Die *konstante Funktion* entsteht dadurch, daß allen Werten der unabhängigen Variablen x eine einzige feste Zahl c zugeordnet wird. Die Funktion des Absolutbetrags $|x|$ ist durch

$$|x| = x \text{ wenn } x \geq 0$$
$$|x| = -x \text{ wenn } x < 0$$

definiert.

Abschnitt 3. Lineare und quadratische Funktionen
(vgl. $\boxed{23}$–$\boxed{29}$)

Eine Gleichung der Form $y = mx + b$, in der m und b Konstante sind, nennt man *linear*, weil ihre graphische Darstellung eine gerade Linie ist. Die Steigung einer linearen Funktion ist durch

$$\text{Steigung} = \frac{y_2 - y_1}{x_2 - x_1} = \frac{y_1 - y_2}{x_1 - x_2}$$

definiert. Aus der Definition ist leicht ersichtlich (vgl. $\boxed{29}$), daß die Steigung der linearen Gleichung oben m ist.

4. Trigonometrie

Eine Gleichung der Form $y = ax^2 + bx + c$, in der a, b und c Konstante sind, wird eine *quadratische Gleichung* genannt. Ihre graphische Darstellung heißt *Parabel*. Die Werte von x in $y = 0$ erfüllen $ax^2 + bx + c = 0$ und werden die Wurzeln der Gleichung genannt. Nicht alle quadratischen Gleichungen haben reelle Wurzeln. Die Gleichung $ax^2 + bx + c = 0$ hat zwei Wurzeln, die durch

$$x = \frac{-b \pm \sqrt{b^2 - 4ac}}{2a}$$

gegeben sind.

Abschnitt 4. Trigonometrie (vgl. |40| – |73|)

Winkel werden entweder in *Grad* oder *Radiant* gemessen.

Ein Kreis wird in 360 gleiche *Grade* eingeteilt. Die Zahl der *Radiant* in einem Winkel ist gleich der Länge des zugehörigen Bogens, geteilt durch die Länge des Radius (|42|). Die Relation zwischen Grad und Radiant ist

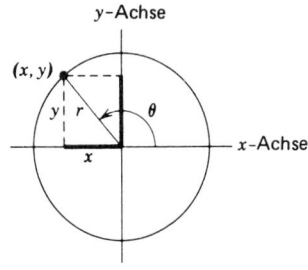

$$1 \text{ rad} = \frac{360°}{2\pi}.$$

Die trigonometrischen Funktionen sind in Verbindung mit der Abbildung definiert.

Die Definitionen sind:

$$\sin \theta = \frac{y}{r} \qquad \cos \theta = \frac{x}{r}$$

$$\tan \theta = \frac{y}{x} \qquad \cot \theta = \frac{1}{\tan \theta} = \frac{x}{y}$$

$$\sec \theta = \frac{1}{\cos \theta} = \frac{r}{x} \qquad \csc \theta = \frac{1}{\sin \theta} = \frac{r}{y}.$$

Obwohl $r = \sqrt{x^2 + y^2}$ immer positiv ist, können x und y entweder positiv oder negativ sein, und die Größen oben können, je nach dem Wert von θ, positiv oder negativ sein. Aus dem Pythagoräischen Lehrsatz ist leicht ersichtlich (vgl. |56|), daß

$$\sin^2 \vartheta + \cos^2 \theta = 1.$$

Der Sinus und der Cosinus für die Summe von zwei Winkeln sind durch

$$\sin(\theta + \phi) = \sin\theta \cos\phi + \cos\theta \sin\phi$$
$$\cos(\theta + \phi) = \cos\theta \cos\phi - \sin\theta \sin\phi$$

gegeben.

Die inverse trigonometrische Funktion bezeichnet den Winkel, für den die trigonometrische Funktion den betreffenden Wert hat. Die inverse trigonometrische Funktion zu $y = \sin\theta$ ist daher $\theta = \arcsin y$; das liest sich als „Arcus Sinus von y" und steht für den Winkel, dessen Sinus y ist. Der arcos y, arctan y, usw. werden in ähnlicher Weise definiert.

Abschnitt 5. Exponenten und Logarithmen (vgl. $\boxed{74}$ – $\boxed{96}$)

Ein Produkt $aaa...$ von m gleichen Faktoren a wird als a^m geschrieben. Ferner ist laut Definition $a^{-m} = 1/a^m$. Daraus folgt, daß

$$a^m a^n = a^{(m+n)}$$
$$a^m/a^n = a^{(m-n)}$$
$$a^0 = a^m/a^m = 1$$
$$(a^m)^n = a^{(mn)}$$
$$(ab)^m = a^m b^m.$$

Wenn $b^n = a$, dann nennt man b die n-te Wurzel aus a und schreibt $b = a^{1/n}$. Wenn m und n ganze Zahlen sind, ist

$$a^{m/n} = (a^{1/n})^m.$$

Die Bedeutung der Exponenten kann auf die irrationalen Zahlen übertragen werden (vgl. $\boxed{84}$), und die obigen Relationen gelten auch für irrationale Exponenten, so daß $(a^x)^b = a^{bx}$ usw.

Die Definition von $\log x$ (der Logarithmus von x zur Basis 10) ist

$$x = 10^{\log x}.$$

Für Logarithmen gelten offensichtlich die folgenden wichtigen Relationen (vgl. $\boxed{91}$):

1. Grenzwerte

$$\log(ab) = \log(a) + \log(b)$$
$$\log(a/b) = \log(a) - \log(b)$$
$$\log(a^n) = n \log(a).$$

Der Logarithmus von x zu einer anderen Basis r wird als $\log_r x$ geschrieben und durch

$$x = r^{\log_r x}$$

definiert. Die obigen drei Relationen für Logarithmen von a und b gelten für Logarithmen zu jeder beliebigen Basis, vorausgesetzt, daß für alle Logarithmen einer Gleichung dieselbe Basis verwendet wird. Logarithmen von x zu zwei verschiedenen Basen, e und 10, können durch

$$\log_e x = \frac{\log_{10} x}{\log_{10} e} = 2{,}303 \log_{10} x \quad (\text{vgl. } \boxed{223})$$

miteinander verknüpft werden.

Übersicht von Kapitel II. Differentialrechnung

Abschnitt 1. Grenzwerte (vgl. $\boxed{95}$ – $\boxed{115}$)

Definition eines Grenzwertes: $f(x)$ sei für alle x in einem Intervall um $x = a$ definiert, aber nicht notwendigerweise in $x = a$. Gibt es eine solche Zahl L, daß zu jeder positiven Zahl ϵ eine positive Zahl δ existiert, so daß

$$|f(x) - L| < \epsilon, \text{ vorausgesetzt daß } 0 < |x - a| < \delta$$

so sagen wir, daß L der Grenzwert von $f(x)$ ist, wenn x sich a nähert; wir schreiben dann

$$\lim_{x \to a} f(x) = L.$$

Die normalen algebraischen Umformungen können mit Grenzwerten, wie in Anhang A2 gezeigt wird, durchgeführt werden; daher ist

$$\lim_{x \to a} [F(x) + G(x)] = \lim_{x \to a} F(x) + \lim_{x \to a} G(x).$$

Zwei trigonometrische Grenzwerte sind besonders interessant (Anhang A3):

$$\lim_{\theta \to 0} \frac{\sin \theta}{\theta} = 1 \quad \text{und} \quad \lim_{\theta \to 0} \frac{1 - \cos \theta}{\theta} = 0.$$

Der folgende Grenzwert spielt in der Integralrechnung eine so bedeutende Rolle, daß er die eigene Bezeichnung e erhalten hat, was in $\boxed{109}$ und Anhang A8 diskutiert wird:

$$e = \lim_{x \to 0} (1 + x)^{1/x} = 2{,}71828\ldots\ldots$$

Abschnitt 2. Geschwindigkeit (vgl. $\boxed{116}$ – $\boxed{145}$)

Wenn die Funktion S den Abstand darstellt, den ein mit variabler Geschwindigkeit eine gerade Strecke entlang bewegter Punkt von einem festen Ort hat, so ist die *Durchschnittsgeschwindigkeit* $\bar{v}$ zwischen den Zeiten t_1 und t_2 durch

$$\bar{v} = \frac{S_2 - S_1}{t_2 - t_1}$$

gegeben, während die *Momentangeschwindigkeit* v (vgl. $\boxed{133}$) zur Zeit t_1

$$v = \lim_{t_2 \to t_1} \frac{S_2 - S_1}{t_2 - t_1}$$

beträgt. Das ist gleich der Steigung der Kurve von S zur Zeit t_1; die Kurve ist, ausgedrückt durch die Zeit, (in $\boxed{131}$) graphisch dargestellt. Oft ist es bequem, $S_2 - S_1 = \Delta S$ und $t_2 - t_1 = \Delta t$ zu schreiben, so daß

$$v = \lim_{\Delta t \to 0} \frac{\Delta S}{\Delta t}.$$

Abschnitt 3. Ableitungen (vgl. $\boxed{146}$ – $\boxed{159}$)

Ist $y = f(x)$, dann ist das Verhältnis, in dem sich y mit x ändert, $\lim_{\Delta x \to 0} \frac{\Delta y}{\Delta x}$. Die Formel $\lim_{\Delta x \to 0} \frac{\Delta y}{\Delta x}$ wird die *Ableitung* von y nach x genannt und als $\frac{dy}{dx}$ (manchmal auch als y') geschrieben. Daher ist

5–8. *Differentiation*

$$\frac{dy}{dx} = \lim_{\Delta x \to 0} \frac{\Delta y}{\Delta x} = \lim_{x_2 \to x_1} \frac{y_2 - y_1}{x_2 - x_1} = \lim_{x_2 \to x_1} \frac{f(x_2) - f(x_1)}{x_2 - x_1}$$

die Ableitung von y nach x. Die Ableitung $\frac{dy}{dx}$ ist gleich der Steigung der Kurve, die man erhält, wenn man y gegen x aufträgt.

Abschnitt 4. Graphische Darstellungen einer Funktion und ihrer Ableitungen (vgl. |160| – |169|)

Aus der graphischen Darstellung einer Funktion können wir die Steigung der Kurve in verschiedenen Punkten erhalten, und wir können den allgemeinen Charakter und das qualitative Verhalten der Ableitung bestimmen, indem wir eine neue Kurve der Steigungen zeichnen. Beispiele findet man in Abschnitt 4.

Abschnitte 5–8. Differentiation (vgl. |170| – |244|)

Aus der Definition der Ableitung können zahlreiche Formeln für die Differentiation abgeleitet werden. Wir wollen hier nur ein Beispiel wiederholen. Es seien u und v von x abhängige Variable.

$$\frac{d(uv)}{dx} = \lim_{\Delta x \to 0} \frac{\Delta(uv)}{\Delta x} = \lim_{\Delta x \to 0} \frac{(u + \Delta u)(v + \Delta v) - uv}{\Delta x}$$

$$\frac{d(uv)}{dx} = \lim_{\Delta x \to 0} \frac{uv + u\Delta v + v\Delta u + \Delta u \Delta v - uv}{\Delta x}$$

$$= u \lim_{\Delta x \to 0} \frac{\Delta v}{\Delta x} + v \lim_{\Delta x \to 0} \frac{\Delta u}{\Delta x} + \lim_{\Delta x \to 0} \frac{\Delta u \Delta v}{\Delta x}$$

$$= u \frac{dv}{dx} + v \frac{du}{dx} + 0.$$

Wir geben hier die wichtigen Relationen an, an die Sie sich erinnern sollen. Eine vollständigere Liste finden Sie in Tab. 1, S. 283 In den folgenden Ausdrücken sind u und v von x abhängige Variable, w hängt von u ab, das wiederum von x abhängig ist; a und n sind Konstante. Alle Winkel sind in Radiant gemessen.

(Lernschritt)

$$\frac{da}{dx} = 0 \qquad \boxed{172}$$

$$\frac{d}{dx}(ax) = a \qquad \boxed{174}$$

$$\frac{dx^n}{dx} = nx^{n-1} \qquad \boxed{180}$$

$$\frac{d}{dx}(u+v) = \frac{du}{dx} + \frac{dv}{dx} \qquad \boxed{186}$$

$$\frac{d}{dx}(uv) = u\frac{dv}{dx} + v\frac{du}{dx} \qquad \boxed{189}$$

$$\frac{d}{dx}\left(\frac{u}{v}\right) = \frac{1}{v^2}\left[v\frac{du}{dx} - u\frac{dv}{dx}\right] \qquad \boxed{202}$$

$$\frac{dw}{dx} = \frac{dw}{du}\frac{du}{dx} \qquad \boxed{194}$$

$$\frac{d\sin x}{dx} = \cos x \qquad \boxed{210}$$

$$\frac{d\cos x}{dx} = -\sin x \qquad \boxed{211}$$

$$\frac{d\ln x}{dx} = \frac{1}{x} \qquad \boxed{230}$$

$$\frac{de^x}{dx} = e^x \qquad \boxed{239}$$

In der Liste oben ist e = 2,71828 . . . . , und ln x ist der natürliche Logarithmus von x, der durch ln x = log$_e x$ definiert ist.

Kompliziertere Funktionen können im allgemeinen differenziert werden, indem man mehrere Regeln aus Tab. 1 nacheinander anwendet. Daher ist

$$\frac{d}{dx}(x^3 + 3x^2 \sin 2x) = \frac{dx^3}{dx} + 3\frac{dx^2}{dx}\sin 2x + 3x^2\frac{d\sin 2x}{dx}$$

$$= 3x^2 + 6x \sin 2x + 3x^2 \frac{d\sin 2x}{d(2x)}\frac{d(2x)}{dx}$$

$$= 3x^2 + 6x \sin 2x + 6x^2 \cos 2x.$$

Abschnitt 9. Ableitungen höherer Ordnung

(vgl. 245 – 252)

Wenn wir $\frac{dy}{dx}$ nach x differenzieren, so nennt man das Ergebnis die *zweite Ableitung* von y nach x und schreibt dafür $\frac{d^2y}{dx^2}$.

Entsprechend ist die n-te Ableitung von y nach x das Ergebnis, das wir erhalten, wenn wir y n-mal nacheinander nach x differenzieren; es wird als $\frac{d^n y}{dx^n}$ geschrieben.

Abschnitt 10. Maxima und Minima (vgl. 253 – 264)

Wenn $f(x)$ für irgendeinen x-Wert ein Maximum oder Minimum annimmt, dann ist die Ableitung $\frac{df}{dx}$ für dieses x Null. (Wegen einer Spezifikation dieser Aussage siehe S. 144.) Wenn außerdem $\frac{d^2f}{dx^2} < 0$, so hat $f(x)$ einen Maximalwert, während bei $\frac{d^2f}{dx^2} > 0$ $f(x)$ dort einen Minimalwert hat.

Abschnitt 11. Differentiale (vgl. 265 – 275)

Ist x eine unabhängige Variable und $y = f(x)$, dann wird das *Differential* dx von x als gleich jedem Zuwachs $x_2 - x_1$ definiert, wobei x_1 der entscheidende Punkt ist. Das Differential dx kann nach Belieben positiv oder negativ, groß oder klein sein. Dann ist dx, ebenso wie x, eine unabhängige Variable. Das Differential dy wird dann durch die folgende Regel *definiert:*

$$dy = \left(\frac{dy}{dx}\right) dx.$$

Obwohl die Ableitung $\frac{dy}{dx}$ ihrer Bedeutung nach $\lim\limits_{\Delta x \to 0} \frac{\Delta y}{\Delta x}$ ist, sehen wir, daß wir sie nun als das Verhältnis der Differentiale dy und dx verstehen können. Wie in 268 und 269 diskutiert wird, ist dy nicht dasselbe wie Δy; doch ist

$$\lim_{dx=\Delta x \to 0} \frac{dy}{\Delta y} = 1.$$

Die Differentiationsformeln können leicht durch Differentiale ausgedrückt werden. Wenn $y = x^n$, ist daher

$$dy = d(x^n) = \frac{d(x^n)}{dx} dx = nx^{n-1} dx.$$

Eine nützliche Relation, die aus der Bezeichnungsweise mit Differentialen hervorgeht und in Anhang A9 weiter diskutiert wird, ist

$$\frac{dx}{dy} = 1/(\frac{dy}{dx}).$$

Übersicht von Kapitel III. Integralrechnung
Abschnitt 1. Das unbestimmte Integral (vgl. 289 – 301)

Angenommen, es sei $\frac{dF(x)}{dx} = f(x)$.

Man nennt dann $F(x)$ das *unbestimmte Integral* von $f(x)$. Symbolisch schreibt man diese Aussage in der Form:

$$F(x) = \int f(x) \, dx.$$

Wir lesen dann „$F(x)$ ist gleich dem *unbestimmten Integral* von $f(x)$". Die Funktion $f(x)$, die integriert wird, heißt der *Integrand*. Da die Ableitung einer Konstanten Null ist, kann jede willkürliche Konstante c zu einem unbestimmten Integral addiert werden, und die Summe wird ebenfalls ein unbestimmtes Integral derselben Funktion $f(x)$ sein. Ferner können sich zwei beliebige unbestimmte Integrale einer gegebenen Funktion nur durch eine Konstante voneinander unterscheiden (vgl. 296 und Anhang A12).

Abschnitt 2. Integration (vgl. $\boxed{302}-\boxed{325}$)

Unbestimmte Integrale findet man oft, indem man nach einem Ausdruck sucht, der bei Differentiation den Integranden ergibt. Aus dem früheren Ergebnis

$$\frac{d \cos x}{dx} = - \sin x$$

folgt daher, daß

$$\int \sin x \, dx = - \cos x + c.$$

Wenn man mit bekannten Ableitungen wie in Tab. 1 beginnt, läßt sich eine nützliche Liste von Integralen aufstellen. Eine solche Liste finden Sie in $\boxed{307}$ und, der Bequemlichkeit halber, noch einmal in Tab. 2, S. 285 . Sie können die wichtigsten Formeln aus den Differentiationsausdrücken in Tab. 1 rekonstruieren. Kompliziertere Integrale finden Sie in großen Tafeln, auf die auf S. 230 und 274 hingewiesen wird.

Oft müssen mehrere verschiedene Methoden angewandt werden, um zu dem Integral zu gelangen. Zur Veranschaulichung verwenden wir im folgenden Beispiel sowohl Formel (19) der Tabelle, die sich auf die Änderung der Variablen bezieht, als auch Formel (10), mit der wir den Sinus integrieren (vgl. $\boxed{313}$):

$$\int \sin 3x \, dx = \frac{1}{3} \int \sin 3x \, d(3x) = -\frac{1}{3} \cos 3x + c.$$

Abschnitt 3. Der Flächeninhalt unter einer Kurve
(vgl. $\boxed{326}-\boxed{346}$)

Es sei $A(x)$ der Inhalt der Fläche zwischen der Kurve $f(x)$ und der x-Achse, die von vertikalen Linien begrenzt wird, die die x-Achse in a und x schneiden. Wir können dann sehen, daß

$$\frac{d A(x)}{dx} = f(x) \quad (\text{vgl.} \boxed{333})$$

Wenn $F(x)$ ein unbestimmtes Integral von $f(x)$ ist, so daß

$$F(x) = \int f(x) \, dx,$$

dann ist (vgl. 340 – 344)

$$A(x) = F(x) - F(a) = F(x) \Big|_a^x = \int f(x)\,dx \Big|_a^x$$

wobei laut Definition $F(x)\Big|_a^b = F(b) - F(a)$.

Abschnitt 4. Bestimmte Integrale (vgl. 347 – 365)

Ein anderer Ausdruck für den Flächeninhalt A unter einer Kurve $f(x)$ zwischen $x = a$ und $x = b$ kann gefunden werden, indem man die Fläche in schmale Streifen parallel zur y-Achse aufteilt, die jeweils den Flächeninhalt $f(x_i)\,\Delta x$ haben, und dann die Beiträge der Streifen addiert. Strebt die Breite jedes Streifens gegen Null, so nähert sich der Grenzwert der Summe dem Flächeninhalt unter der Kurve. Daher ist (vgl. 352)

$$A = \lim_{\Delta x \to 0} \sum_{i=1}^{n} f(x_i)\,\Delta x.$$

Ein solcher Grenzwert ist so wichtig, daß er einen eigenen Namen und ein eigenes Symbol erhalten hat. Er heißt das *bestimmte Integral* und wird als $\int_a^b f(x)\,dx$ geschrieben. Somit ist laut Definition

$$\int_a^b f(x)\,dx = \lim_{\Delta x \to 0} \Sigma\, f(x_i)\,\Delta x.$$

Als ein Resultat dieser Diskussion sehen wir, daß

$$A = \int_a^b f(x)\,dx.$$

Wir haben jedoch festgestellt, daß man den Flächeninhalt auch durch das *unbestimmte Integral*

$$F(x) = \int f(x)\,dx$$

ausdrücken und berechnen kann:

6. Mehrfache Integrale

$$A = F(b) - F(a) = F(x)\Big|_a^b = \int f(x)\,\mathrm{d}x\,\Big|_a^b.$$

Indem wir beide Ausdrücke für A gleichsetzen, erhalten wir daher die allgemeine Berechnung des *bestimmten* Integrals aus dem *unbestimmten* Integral:

$$\int_a^b f(x)\,\mathrm{d}x = F(x)\Big|_a^b = \int f(x)\,\mathrm{d}x\,\Big|_a^b.$$

Dieses Resultat wird oft der Fundamentalsatz der Integralrechnung genannt.

Abschnitt 5. Einige Anwendungen der Integration
(vgl. $\boxed{366}$ – $\boxed{381}$)

Kennen wir die *Geschwindigkeit* $v(t)$ eines Teilchens als eine Funktion von t, so können wir durch Integration den *Ort* des Teilchens als Funktion der Zeit erhalten. Wir sahen früher, daß

$$v = \frac{\mathrm{d}S}{\mathrm{d}t},$$

so daß

$$\mathrm{d}S = v\,\mathrm{d}t.$$

Wenn wir beide Seiten der Gleichung vom Anfangspunkt ($t = t_0$, $S = 0$) zum Endpunkt (t, S) integrieren, so erhalten wir

$$S = \int_{t_0}^t v\,\mathrm{d}t.$$

Abschnitt 6. Mehrfache Integrale (vgl. $\boxed{382}$ – $\boxed{399}$)

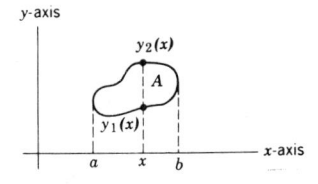

Betrachten Sie die angezeigte Fläche, die von einer Kurve eingeschlossen wird, für die y von x abhängt, und zwar wie $y_2(x)$ am oberen Rand der Figur und wie $y_1(x)$ am unteren Rand. Der Inhalt der eingeschlossenen Fläche A ist dann durch

$$A = \lim_{\Delta x \to 0} \Sigma_x \left\{ \lim_{\Delta y \to 0} \Sigma_y \, \Delta y \right\} \Delta x$$

$$= \int_a^b \left[\int_{y_1}^{y_2} dy \right] dx$$

gegeben.

Ein Integral wie dieses nennt man ein *Doppelintegral*; das ist ein besonderes Beispiel eines *mehrfachen Integrals*. Bei der Berechnung von mehrfachen Integralen müssen wir besonders darauf achten, daß wir den richtigen Ausdruck für die Grenzen verwenden. So sind y_1 und y_2, die Grenzen der y-Integration, der Maximal- und Minimalwert von y *für ein bestimmtes x*. Wir sehen daraus, daß y_1 und y_2 gewöhnlich von x abhängen und infolgedessen zum Integranden der nächsten Integration nach x beitragen.

Auf ähnliche Weise (vgl. 390) können wir ein mehrfaches Integral wie

$$G = \int_a^b \left[\int_{y_1}^{y_2} g(x, y) \, dy \right] dx$$

ausrechnen, wobei $g(x, y)$ eine Variable ist, die sowohl von x als auch von y abhängt. Der Vorgang ist unmittelbar klar: man sucht die Grenzen für jedes Integral und führt die y-Integration durch, wobei x in $g(x, y)$ als Konstante behandelt wird. Dann integriert man nach x. Der Vorgang läßt sich leicht auch auf Integrale mit weiteren Variablen ausdehnen.

Abschnitt 7. Zusammenfassung (vgl. 400 – 402)

Sie werden hier entlassen und beglückwünscht! Der Stoff dieses Buches ist abgeschlossen. Wenn Sie sich jedoch einige Beweise in Anhang A bisher noch nicht angesehen haben, so raten wir Ihnen, sie nun zu lesen. Vielleicht sind Sie auch an einigen zusätzlichen Themen interessiert, die in Anhang B beschrieben werden. Und für den Fall, daß Sie weitere Erfahrungen sammeln möchten, weisen wir auf die Übersichtsaufgaben, S. 275 ff, hin.

Viel Glück!

Anhang A

Ableitungen

In diesem Anhang zeigen wir die Ableitungen einiger Formeln und Theoreme, die wir früher nicht angeführt haben.

Anhang A1

Trigonometrische Funktionen der Winkelsummen

Man kann eine Formel für den Sinus der Summe von zwei Winkeln θ und ϕ leicht ableiten, wenn man die Zeichnung unten zu Hilfe nimmt, in der der Radius des Kreises eins ist.

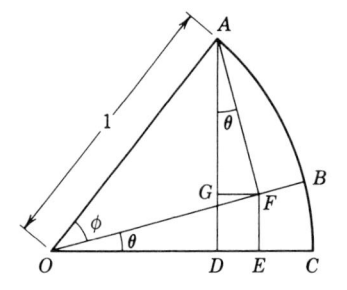

$$\begin{aligned}\sin(\theta + \phi) &= AD = FE + AG \\ &= OF \sin\theta + AF \cos\theta \\ &= \sin\theta \cos\phi + \cos\theta \sin\phi\end{aligned}$$

In ähnlicher Weise ist für die gleiche Figur

$$\begin{aligned}\cos(\theta + \phi) &= OD = OE - DE \\ &= OF \cos\theta - AF \sin\theta \\ &= \cos\theta \cos\phi - \sin\theta \sin\phi.\end{aligned}$$

Anhang A2

Einige Theoreme über Grenzwerte

In diesem Anhang werden wir einige nützliche Theoreme über Grenzwerte beweisen. Diese Theoreme werden deutlich machen, daß gewöhnliche algebraische Umformungen auch mit Ausdrücken durchgeführt werden können, die Grenzwerte enthalten. Wir werden beispielsweise zeigen, daß

$$\lim_{x \to a} [F(x) + G(x)] = \lim_{x \to a} F(x) + \lim_{x \to a} G(x).$$

Obwohl solche Resultate intuitiv vernünftig sind, erfordern sie einen formalen Beweis.

Bevor wir die Theoreme ableiten, müssen wir einige allgemeine Eigenschaften des Absolutbetrags beachten, der in [20] eingeführt wurde. Diese Eigenschaften sind

$$|a+b| \leq |a| + |b| \qquad (1)$$
$$|ab| = |a| \times |b|. \qquad (2)$$

Es ist leicht zu erkennen, daß diese Relationen richtig sind, indem wir nacheinander alle möglichen Fälle betrachten: a und b beide negativ, beide positiv, mit entgegengesetztem Vorzeichen, eines oder beide gleich Null.

Nun sind wir soweit, daß wir Theoreme über Grenzwerte diskutieren, die für zwei beliebige Funktionen F und G gelten, für die

$$\lim_{x \to a} F(x) = L \quad \text{und} \quad \lim_{x \to a} G(x) = M.$$

Einige Theoreme über Grenzwerte

Theorem 1

$$\lim_{x \to a} [F(x) + G(x)] = \lim_{x \to a} F(x) + \lim_{x \to a} G(x).$$

Beweis: Nach Gleichung (1) ist

$$|F(x) + G(x) - (L + M)| = |[F(x) - L] + [G(x) - M]|$$
$$\leq |F(x) - L| + |G(x) - M|.$$

Indem wir die Definition des Grenzwertes (vgl. $\boxed{105}$) verwenden, sehen wir, daß wir zu jeder positiven Zahl ϵ eine positive Zahl δ finden können, so daß

$$|F(x) - L| < \frac{\epsilon}{2} \text{ und } |G(x) - M| < \frac{\epsilon}{2},$$

sofern nur $0 < |x - a| < \delta$. (Auf den ersten Blick scheint dies von der Definition des Grenzwertes abzuweichen, da hier ϵ anstelle von $\epsilon/2$ auftritt. Die Aussagen gelten jedoch für jede positive Zahl, und $\epsilon/2$ ist ebenfalls eine positive Zahl.)

Die obigen Gleichungen können zusammengefaßt werden und ergeben dann

$$|F(x) + G(x) - (L + M)| < \frac{\epsilon}{2} + \frac{\epsilon}{2} = \epsilon.$$

Infolgedessen ist laut Definition des Grenzwertes in $\boxed{105}$

$$\lim_{x \to a} [F(x) + G(x)] = L + M = \lim_{x \to a} F(x) + \lim_{x \to a} G(x).$$

Thorem 2

$$\lim_{x \to a} [F(x) G(x)] = [\lim_{x \to a} F(x)][\lim_{x \to a} G(x)].$$

Beweis: Der Beweis ist dem vorigen in etwa ähnlich. Indem wir alle Ausdrücke ausschreiben, können wir feststellen, daß das Folgende identisch gilt:

$$F(x) G(x) - LM = [F(x) - L][G(x) - M] + L[G(x) - M] + \\ + M[F(x) - L].$$

Deshalb ist nach Gleichung (1)

$$|F(x) G(x) - LM| \leq |[F(x) - L][G(x) - M]| + \\ + |L[G(x) - M]| + |M[F(x) - L]|.$$

Es sei ϵ eine beliebige positive Zahl kleiner als 1. Wir können dann dem Sinn des Grenzwertes gemäß eine positive Zahl δ finden, so daß für $0 < |x-a| < \delta$

$$|F(x) - L| < \frac{\epsilon}{2}, \quad |L[G(x) - M]| < \frac{\epsilon}{4}, \quad |M[F(x) - L]| < \frac{\epsilon}{4},$$

$$\text{und } |G(x) - M| < \frac{\epsilon}{2}.$$

Dann ist

$$|F(x) G(x) - LM| < \frac{\epsilon^2}{4} + \frac{\epsilon}{4} + \frac{\epsilon}{4} = \frac{\epsilon^2}{4} + \frac{\epsilon}{2} \leq \frac{\epsilon}{4} + \frac{\epsilon}{2} = \frac{3}{4}\epsilon,$$

wobei der vorletzte Schritt aus unserer früheren Beschränkung auf $\epsilon < 1$ resultiert.

Infolgedessen ist

$$|F(x) G(x) - LM| < \epsilon$$

so daß laut Definition des Grenzwertes

$$\lim_{x \to a} [F(x) G(x)] = LM = [\lim_{x \to a} F(x)][\lim_{x \to a} G(x)].$$

Theorem 3

$$\lim_{x \to a} \frac{F(x)}{G(x)} = \frac{\lim\limits_{x \to a} F(x)}{\lim\limits_{x \to a} G(x)} \qquad \text{vorausgesetzt, daß } \lim_{x \to a} G(x) \neq 0.$$

Beweis: Da $\lim\limits_{x \to a} G(x) \neq 0$, können wir für δ einen hinreichend kleinen Wert wählen, so daß für $0 < |x-a| < \delta$ $G(x) \neq 0$. Dann können wir

$$\lim_{x \to a} F(x) = \lim_{x \to a} \left[G(x) \frac{F(x)}{G(x)} \right] = \lim_{x \to a} G(x) \lim_{x \to a} \frac{F(x)}{G(x)}$$

$$= M \lim_{x \to a} \frac{F(x)}{G(x)}$$

setzen, wobei $M = \lim\limits_{x \to a} G(x)$.

Da $M \neq 0$, erhalten wir

$$\lim_{x \to a} \frac{F(x)}{G(x)} = \frac{\lim\limits_{x \to a} F(x)}{M} = \frac{\lim\limits_{x \to a} F(x)}{\lim\limits_{x \to a} G(x)}.$$

Anhang A3

Grenzwerte, die trigonometrische Funktionen enthalten

1. Beweis von

$$\lim_{\theta \to 0} \frac{\sin \theta}{\theta} = 1.$$

Um dies zu beweisen, zeichnen Sie wie in der Abbildung einen Bogen des Einheitskreises, so daß $AB = AE = 1$ und $\theta = \angle\,EAB$. Geometrisch ist klar erkennbar, daß Flächeninhalt $ADE \geqslant$ Flächeninhalt $ABE \geqslant ABC$. Deshalb ist $\frac{1}{2}\,(\overline{AE})\,(\overline{DE}) \geqslant$ Fläche $ABE \geqslant \frac{1}{2}\,(\overline{AC})\,(\overline{BC})$. (Das Symbol $\overline{AE}$ stellt die Länge des Geradenabschnitts zwischen A und E dar.)

Da der Flächeninhalt des Kreises π ist, erhalten wir

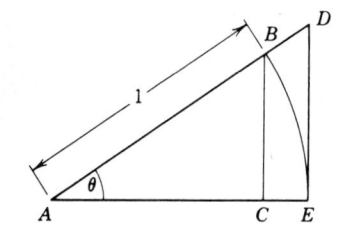

Flächeninhalt $ABE = \pi\,\dfrac{\theta}{2\pi} = \dfrac{1}{2}\,\theta$.

Auf Grund der Tatsache, daß $\overline{DE} = \tan \theta$, erhalten wir

$$\frac{1}{2}\tan\theta \geqslant \frac{1}{2}\theta \geqslant \frac{1}{2}\cos\theta\sin\theta.$$

Dividieren wir durch $1/2\,\sin\theta$, so ergibt sich

$$\frac{1}{\cos\theta} \geqslant \frac{\theta}{\sin\theta} \geqslant \cos\theta.$$

Bilden Sie den Reziprokwert dieses Ausdrucks. Da der Reziprokwert einer großen Zahl kleiner ist als der einer kleinen Zahl (vorausgesetzt, daß beide Zahlen positiv sind), kehrt dieser Vorgang die Reihenfolge der Ungleichheit um:

$$\cos\theta \leqslant \frac{\sin\theta}{\theta} \leqslant \frac{1}{\cos\theta}.$$

Somit ist

$$\lim_{\theta \to 0}\cos\theta \leqslant \lim_{\theta \to 0}\frac{\sin\theta}{\theta} \leqslant \lim_{\theta \to 0}\frac{1}{\cos\theta}$$

Grenzwerte, die trigonometrische Funktionen enthalten

und

$$1 \leq \lim_{\theta \to 0} \frac{\sin \theta}{\theta} \leq 1.$$

Infolgedessen

$$\lim_{\theta \to 0} \frac{\sin \theta}{\theta} = 1.$$

2. Beweis von

$$\lim_{\theta \to 0} \frac{1 - \cos \theta}{\theta} = 0.$$

Dieses kann wie folgt bewiesen werden:

$$1 - \cos \theta = \frac{(1 - \cos \theta)(1 + \cos \theta)}{1 + \cos \theta} = \frac{1 - \cos^2 \theta}{1 + \cos \theta}$$

$$= \frac{\sin^2 \theta}{1 + \cos \theta} \leq \sin^2 \theta \text{ für } 0 \leq \theta < \frac{\pi}{2}.$$

In diesem Grenzwert ist deshalb

$$\frac{1 - \cos \theta}{\theta} \leq \frac{\sin^2 \theta}{\theta}.$$

Wir erhalten dann

$$\lim_{\theta \to 0} \frac{1 - \cos \theta}{\theta} \leq \left[\lim_{\theta \to 0} \frac{\sin \theta}{\theta}\right] \left[\lim_{\theta \to 0} \sin \theta\right] = 1 \times 0 = 0.$$

Aber für alle positiven θ ist $0 \leq \frac{1 - \cos \theta}{\theta}$. Folglich ist

$$0 \leq \lim_{\theta \to 0} \frac{1 - \cos \theta}{\theta} \leq 0.$$

Beide Bedingungen sind aber nur für

$$\lim_{\theta \to 0} \frac{1 - \cos \theta}{\theta} = 0.$$

erfüllbar.

Anhang A4

Differentiation von x^n

Zunächst betrachte man den Fall, daß n eine positive ganze Zahl ist.

$$y = x^n$$
$$y + \Delta y = (x + \Delta x)^n. \tag{1}$$

Die rechte Seite kann mit Hilfe des binomischen Lehrsatzes entwickelt werden (wenn Sie mit diesem Satz nicht vertraut sind, schlagen Sie bitte in einem guten Lehrbuch der Algebra nach) und ergibt dann

$$y + \Delta y = (x + \Delta x)^n = x^n + nx^{n-1} \Delta x + \frac{n(n-1)}{1 \cdot 2} x^{n-2} \Delta x^2$$
$$+ \ldots + \Delta x^n. \tag{2}$$

Wenn wir Gleichung (1) von Gleichung (2) abziehen und durch Δx dividieren, erhalten wir

$$\frac{\Delta y}{\Delta x} = nx^{n-1} + \frac{n(n-1)}{1 \cdot 2} x^{n-2} \Delta x + \ldots + \Delta x^{n-1}.$$

Daher ist

$$\frac{\mathrm{d}y}{\mathrm{d}x} = \lim_{\Delta x \to 0} \frac{\Delta y}{\Delta x} = nx^{n-1}.$$

Obwohl das obige Theorem nur für eine positive ganze Zahl n bewiesen wurde, können wir zeigen, daß es auch für $n = 1/q$ gilt, wobei q eine positive ganze Zahl ist. Es sei

$$y = x^{1/q},$$

so ist

$$x = y^q.$$

Gemäß dem vorhergehenden Theorem ist dann

$$\frac{\mathrm{d}x}{\mathrm{d}y} = q\, y^{q-1}.$$

Aber laut Anhang A11 ist

$$\frac{\mathrm{d}y}{\mathrm{d}x} = 1/(\frac{\mathrm{d}x}{\mathrm{d}y}) = 1/[q\, y^{q-1}] = \frac{1}{q} y^{1-q} = \frac{1}{q} [x^{1/q}]^{(1-q)}$$

Differentiation von x^n

$$\frac{dy}{dx} = \frac{1}{q} x^{(1/q)-1} = nx^{n-1}.$$

Wir können ferner sehen, daß dieses Theorem auch für $n = p/q$ gilt, wobei sowohl p als auch q positive ganze Zahlen sind.

$$y = x^n = x^{p/q}.$$

Sei

$$w = x^{1/q}$$

so ist

$$y = w^p.$$

Dann ist

$$\frac{dy}{dx} = \frac{dy}{dw}\frac{dw}{dx} = pw^{p-1}(\frac{1}{q})x^{(1/q)-1} = px^{(p/q)-(1/q)}(\frac{1}{q})x^{(1/q)-1}$$

$$= (\frac{p}{q})x^{(p/q)-1} = nx^{n-1}.$$

Bisher haben wir gesehen, daß die Regel für die Differentiation von x^n gilt, wenn n ein beliebiger positiver Bruch ist. Nun werden wir feststellen, daß sie auch bei negativen Brüchen gültig ist. Es sei $n = -m$, wobei m einen positiven Bruch darstellt. Dann ist

$$\frac{d(x^n)}{dx} = \frac{d(x^{-m})}{dx} = \frac{d}{dx}(\frac{1}{x^m}) = -\frac{dx^m/dx}{(x^m)^2}$$

$$= -\frac{mx^{m-1}}{x^{2m}} = (-m)x^{-m-1} = nx^{n-1}.$$

Unsere bisherige Diskussion bezog sich auf beliebige rationale Zahlen n. Das Resultat kann jedoch mit Hilfe der in $\boxed{84}$ verwendeten Methode auf alle irrationalen reellen Zahlen übertragen werden, da eine irrationale Zahl durch einen Bruch beliebig genau genähert werden kann. Deshalb gilt für jede reelle Zahl n, ob rational oder irrational und unabhängig vom Vorzeichen, daß

$$\frac{dx^n}{dx} = nx^{n-1}.$$

Anhang A5

Differentiation von trigonometrischen Funktionen

Aus Anhang A1 ist

$$\frac{d(\sin\theta)}{d\theta} = \lim_{\Delta\theta\to 0} \frac{\sin(\theta + \Delta\theta) - \sin\theta}{\Delta\theta}$$

$$= \lim_{\Delta\theta\to 0} \frac{\sin\theta\cos\Delta\theta + \cos\theta\sin\Delta\theta - \sin\theta}{\Delta\theta}$$

$$= \sin\theta \lim_{\Delta\theta\to 0} \frac{\cos\Delta\theta - 1}{\Delta\theta} + \cos\theta \lim_{\Delta\theta\to 0} \frac{\sin\Delta\theta}{\Delta\theta}.$$

Die beiden Grenzwerte wurden in Anhang A3 als 0 bzw. 1 berechnet, so daß

$$\frac{d(\sin\theta)}{d\theta} = \cos\theta.$$

Ebenso ist

$$\frac{d(\cos\theta)}{d\theta} = \lim_{\Delta\theta\to 0} \frac{\cos(\theta + \Delta\theta) - \cos\theta}{\Delta\theta}$$

$$= \lim_{\Delta\theta\to 0} \frac{\cos\theta\cos\Delta\theta - \sin\theta\sin\Delta\theta - \cos\theta}{\Delta\theta}$$

$$= \cos\theta \lim_{\Delta\theta\to 0} \frac{\cos\Delta\theta - 1}{\Delta\theta} - \sin\theta \lim_{\Delta\theta\to 0} \frac{\sin\Delta\theta}{\Delta\theta}$$

$$= -\sin\theta.$$

Die Ableitungen anderer trigonometrischer Funktionen kann man finden, indem man sie – wie in Kap. II – durch den Sinus und Cosinus ausdrückt.

Anhang A6

Differentiation des Produkts aus zwei Funktionen

Es sei $y = uv$, wobei u und v von x abhängige Variable sind. Dann ist

$$y + \Delta y = (u + \Delta u)(v + \Delta v) = uv + u\Delta v + v\Delta u + \Delta u \Delta v.$$

Damit ist

$$\frac{dy}{dx} = \lim_{\Delta x \to 0} \frac{(y + \Delta y) - y}{\Delta x} = \lim_{\Delta x \to 0} \frac{(uv + u\Delta v + v\Delta u + \Delta u \Delta v) - uv}{\Delta x}$$

$$= \lim_{\Delta x \to 0} [u \frac{\Delta v}{\Delta x} + v \frac{\Delta u}{\Delta x} + \Delta u \frac{\Delta v}{\Delta x}].$$

Aber

$$\lim_{\Delta x \to 0} \Delta u \frac{\Delta u}{\Delta x} = [\lim_{\Delta x \to 0} \Delta u] \times [\lim_{\Delta x \to 0} \frac{\Delta v}{\Delta x}] = 0 \times \frac{dv}{dx} = 0,$$

wobei wir Theorem 2 aus Anhang A2 verwendet haben. Folglich ist

$$\frac{dy}{dx} = u \lim_{\Delta x \to 0} \frac{\Delta v}{\Delta x} + v \lim_{\Delta x \to 0} \frac{\Delta u}{\Delta x} = u \frac{dv}{dx} + v \frac{du}{dx}.$$

Anhang A7

Kettenregel der Differentiation

Es hänge $w(u)$ von u ab, das wiederum von x abhängt. Dann ist

$$\Delta w = w(u + \Delta u) - w(u),$$

so daß

$$\frac{\Delta w}{\Delta x} = \frac{\Delta w}{\Delta u} \frac{\Delta u}{\Delta x} = \frac{w(u + \Delta u) - w(u)}{\Delta u} \frac{\Delta u}{\Delta x}.$$

Wenn wir Theorem 2 aus Anhang A1 verwenden, erhalten wir daher

$$\frac{dw}{dx} = \lim_{\Delta x \to 0} \frac{\Delta w}{\Delta x} = \lim_{\Delta x \to 0} \frac{\Delta w}{\Delta u} \lim_{\Delta x \to 0} \frac{\Delta u}{\Delta x} = \left(\frac{dw}{du}\right)\left(\frac{du}{dx}\right).$$

Anhang A8

Die Zahl e

In ⟨109⟩ haben wir die Zahl e = 2,71828 . . . . eingeführt. Hier wollen wir die genaue Definition von e betrachten, durch die beliebig viele Dezimalstellen gefunden werden können. Die genaue Definition von e erfolgt durch einen Grenzwert und lautet

$$e = \lim_{l \to 0} (1 + l)^{1/l}.$$

Der konvergente Charakter des obigen Ausdrucks wird deutlich, wenn man die folgende Tabelle der Werte von $(1 + l)^{1/l}$ für immer kleinere l-Werte betrachtet. Überprüfen Sie zur Übung die Richtigkeit der Rechnung für die ersten drei l-Werte in der Tabelle.

l	$(1 + l)^{1/l}$
1	2
1/2	2,25
1/3	2,37
1/10	2,59
1/100	2,70
1/1000	2,72
1/10 000	2,72

Mit Digitalmaschinen ist der Wert von e bis auf mehrere tausend Dezimalstellen berechnet worden. Der Wert 2,71828 ist für die meisten Zwecke hinreichend genau. In Anhang A9 wird deutlich, warum das in der obigen Weise definierte e so wichtig ist.

Anhang A9

Differentiation von ln x

Es sei

$$y = \ln x$$
$$y + \Delta y = \ln (x + \Delta x).$$

Dann ist

$$\frac{\Delta y}{\Delta x} = \frac{y + \Delta y - y}{\Delta x} = \frac{\ln (x + \Delta x) - \ln x}{\Delta x}.$$

Aus $\boxed{91}$ folgt

$$\frac{\Delta y}{\Delta x} = \frac{1}{\Delta x} \ln \left(\frac{x + \Delta x}{x}\right) = \frac{1}{x} \frac{x}{\Delta x} \ln \left(1 + \frac{\Delta x}{x}\right)$$

$$= \frac{1}{x} \ln \left(1 + \frac{\Delta x}{x}\right)^{x/\Delta x} = \frac{1}{x} \ln (1 + l)^{1/l},$$

wobei wir l für $\frac{\Delta x}{x}$ gesetzt haben. Man beachte, daß $l \to 0$, wenn $\Delta x \to 0$.

Daher ist

$$\frac{dy}{dx} = \lim_{\Delta x \to 0} \frac{\Delta y}{\Delta x} = \lim_{\Delta x \to 0} \left[\frac{1}{x} \ln (1 + l)^{1/l}\right]$$

$$= \frac{1}{x} \ln \left[\lim_{l \to 0} (1 + l)^{1/l}\right]$$

$$= \frac{1}{x} \ln e = \frac{1}{x}$$

da $\ln e = \log_e e = 1$.

Anhang A10

Differentiale, bei denen beide Variable von einer dritten abhängen

Die Relation $dw = \left(\dfrac{dw}{du}\right) du$

ist auch dann richtig, wenn sowohl w als auch u von einer dritten Variablen abhängen. Um dies zu beweisen, mögen sowohl u als auch w von x abhängen. Dann ist

$$dw = \left(\frac{dw}{dx}\right) dx \quad \text{und} \quad du = \left(\frac{du}{dx}\right) dx \tag{1}$$

Nach der Kettenregel der Differentiation ist

$$\left(\frac{dw}{dx}\right) = \left(\frac{dw}{du}\right)\left(\frac{du}{dx}\right).$$

Indem wir mit dx multiplizieren, erhalten wir

$$\left(\frac{dw}{dx}\right) dx = \left(\frac{dw}{du}\right)\left(\frac{du}{dx}\right) dx,$$

so daß nach Gleichung (1)

$$dw = \frac{dw}{du} du.$$

Dieses Theorem rechtfertigt den Gebrauch der Differentialbezeichnungsweise, denn es zeigt, daß die *Kettenregel* in dieser Bezeichnungsweise die Form einer algebraischen Identität annimmt:

$$\frac{dw}{dx} = \frac{dw}{du}\frac{du}{dx}.$$

Anhang A11
Beweis von $\dfrac{dy}{dx} = 1 \Big/ \dfrac{dx}{dy}$

Wenn eine Funktion durch eine Gleichung $y = f(x)$ vorgegeben ist, so ist es gewöhnlich möglich – zumindest in begrenzten Intervallen von x –, die Rollen der abhängigen und der unabhängigen Variablen zu vertauschen, um aus der Gleichung zu einem gegebenen Wert von y den x-Wert zu bestimmen. (Im Fall der Gleichung $y = a$, wo a eine Konstante ist, ist das nicht durchführbar.) Wenn eine solche Umkehrung möglich ist, dann sind die beiden Ableitungen durch

$$\frac{dy}{dx} = 1 \Big/ \frac{dx}{dy}$$

miteinander verknüpft. Die Relation kann wie folgt eingesehen werden:

$$\frac{dy}{dx} = \lim_{\Delta x \to 0} \frac{\Delta y}{\Delta x} = \lim_{\Delta x \to 0} \frac{1}{(\Delta x / \Delta y)} = \frac{1}{\lim_{\Delta x \to 0} (\Delta x / \Delta y)}$$

gemäß den Grenzwerttheoremen aus Anhang 5. Wenn ferner $\lim_{\Delta x \to 0} \dfrac{\Delta y}{\Delta x} \neq 0$, so strebt $\Delta y \to 0$ für $\Delta x \to 0$, so daß

$$\frac{dy}{dx} = \frac{1}{\lim_{\Delta y \to 0} (\Delta x / \Delta y)} = \frac{1}{(dx/dy)} \, .$$

Dieses Ergebnis ist eine weitere Rechtfertigung für den Gebrauch der Differentialbezeichnungsweise, denn eine normale arithmetische Umformung in dieser Bezeichnungsweise ergibt direkt

$$\frac{dy}{dx} = 1 \Big/ \frac{dx}{dy} \, .$$

Anhang A12

Beweis, daß zwei Funktionen mit derselben Ableitung sich nur um eine Konstante unterscheiden.

Die Funktionen seien f und g.

Dann ist

$$\frac{\mathrm{d} f(x)}{\mathrm{d} x} = \frac{\mathrm{d} g(x)}{\mathrm{d} x}$$

so daß

$$\frac{\mathrm{d}}{\mathrm{d} x}[f(x) - g(x)] = 0$$

Folglich ist

$$f(x) - g(x) = C$$

wobei C eine Konstante ist.

Diesem Beweis liegt die Annahme zugrunde, daß $h(x)$ eine Konstante ist, wenn $\frac{\mathrm{d} h(x)}{\mathrm{d} x} = 0$. Das ist tatsächlich einleuchtend, denn die graphische Darstellung der Funktion $h(x)$ muß immer die Steigung Null haben und somit eine Gerade parallel zum Ursprung darstellen, nämlich $h(x) = C$. Einen komplizierteren analytischen Beweis dieses Theorems findet man in Büchern über Analysis für Fortgeschrittene.

Anhang B
Zusätzliche Themen

In diesem Anhang werden einige zusätzliche Themen der Differential- und Integralrechnung kurz diskutiert.

Anhang B1
Eine andere Definition der Funktionen

Die in Lernschritt $\boxed{6}$ gegebene Definition des Wortes *Funktion* ist die in der modernen Mathematik am häufigsten verwendete. Einige Mathematiker und viele andere Wissenschaftler halten jedoch weiterhin an dem früheren Brauch fest, nach dem man anstelle von Funktion den Ausdruck *Funktion von x* definiert. Eine Form der älteren Definition lautet: Wenn jedem Wert von x in einer bestimmten Menge ein Wert von y in einer anderen Menge entspricht, dann nennt man y eine *Funktion von x*. Mit anderen Worten: die abhängige Variable ist eine *Funktion* der unabhängigen Variablen, während die Funktion in $\boxed{6}$ die Zuordnung der unabhängigen zur abhängigen Variablen ist. Wenn die Temperatur zu verschiedenen Zeiten bekannt ist, so würde man nach der alten Definition sagen, daß die Temperatur eine Funktion der Zeit ist. Ebenso könnte $y = f(x)$ neben der Leseform „y ist gleich f von x" (wie in $\boxed{12}$) dann nach der alten Definition als „y ist eine Funktion von x" gelesen werden. Obwohl beide Aussagen fast identisch klingen, lassen sie verschiedene Standpunkte erkennen. Ist beispielsweise $f(x) = x^2$, so würde man gemäß der älteren Definition sagen, daß die Funktion von x zwischen 0 und 4 schwankt, wenn x zwischen 0 und 2 schwankt. In der von uns verwendeten Definition aber ist die Funktion eine Zuordnung, und diese ändert sich nicht. Zwar ändert sich der Wert der abhängigen Variablen, d. h. $f(x)$, wenn sich die unabhängige Variable ändert, die Funktion selbst aber nicht.

Sie werden bei weiterer Beschäftigung mit der Analysis Bücher finden, in denen entweder die frühere oder die neuere Auffassung des Wortes „Funktion" vertreten wird. Dies dürfte keine Schwierigkeiten bereiten, sofern man von der Existenz beider Definitionen weiß, denn die betreffende Auffassung geht gewöhnlich klar aus dem Zusammenhang hervor.

Anhang B2

Partielle Ableitung

In diesem Buch wurden fast ausschließlich Funktionen betrachtet, die für eine einzige unabhängige Variable definiert waren. Oft jedoch sind zwei oder mehr unabhängige Variable für die Definition der Funktion erforderlich; in diesem Fall müssen wir den Begriff der Ableitung modifizieren. Als einfaches Beispiel betrachten wir den Flächeninhalt A eines Rechtecks, der das Produkt aus der Breite w und der Länge l ist. Somit ist $A = f(l, w)$ (man liest „f von l und w"), wobei $f(l, w)$ in diesem speziellen Fall $l \times w$ bedeutet. In dieser Diskussion sollen l und w unabhängig voneinander variieren, so daß sie beide als unabhängige Variable behandelt werden können.

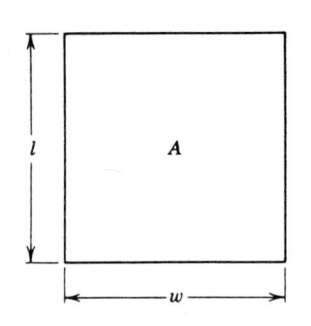

Wenn eine der Variablen, z. B. w, vorübergehend konstant gehalten wird, dann hängt A nur von einer einzigen Variablen ab, und das Verhältnis der Änderung von A nach l ist einfach $\dfrac{dA}{dl}$. Weil jedoch A in Wirklichkeit von zwei Variablen abhängt, müssen wir die Definition der Ableitung modifizieren.

Das Maß der Änderung von A mit l ist gegeben durch

$$\lim_{\Delta l \to 0} \frac{f(l + \Delta l, w) - f(l, w)}{\Delta l},$$

wobei angenommen wurde, daß bei Bildung des Grenzwertes w konstant gehalten wird. Diese Größe heißt die *partielle Ableitung* von A nach l und wird als $\dfrac{\partial A}{\partial l}$ geschrieben. Anders ausgedrückt: die partielle Ableitung ist durch

$$\frac{\partial A}{\partial l} = \frac{\partial f(l, w)}{\partial l} = \lim_{\Delta l \to 0} \frac{f(l + \Delta l, w) - f(l, w)}{\Delta l}$$

definiert. In unserem Beispiel ist

$$\frac{\partial A}{\partial l} = \lim_{\Delta l \to 0} \frac{(l + \Delta l) \times w - l \times w}{\Delta l} = w.$$

Partielle Ableitungen

In ähnlicher Weise ist

$$\frac{\partial A}{\partial w} = \lim_{\Delta w \to 0} \frac{f(l, w + \Delta w) - f(l, w)}{\Delta w}$$

$$= \lim_{\Delta w \to 0} \frac{l \times (w + \Delta w) - l \times w}{\Delta w} = l.$$

Das Differential von A bei Änderungen von l und w in dl bzw. dw ist definiert als

$$dA = \frac{\partial A}{\partial l} dl + \frac{\partial A}{\partial w} dw.$$

Mit analoger Beweisführung wie in $\boxed{269}$ wird deutlich, daß der Zuwachs von A, nämlich $\Delta A = f(l + \Delta l, w + \Delta w) - f(l, w)$, sich dA nähert, wenn $dl \to 0$ und $dw \to 0$.

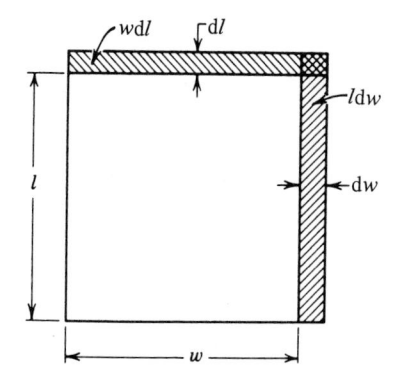

Dieses Resultat ist in der Abbildung dargestellt. ΔA ist der gesamte, durch dl und dw verursachte Zuwachs des Flächeninhalts und umfaßt alle schraffierten Flächen.

$$dA = \frac{\partial A}{\partial l} dl + \frac{\partial A}{\partial w} dw = w\,dl + l\,dw.$$

ΔA und dA unterscheiden sich durch den Flächeninhalt des kleinen Rechtecks in der rechten oberen Ecke. Streben $dl \to 0$, $dw \to 0$, so wird der Unterschied vernachlässigbar im Vergleich zum Flächeninhalt jedes Streifens.

Die vorangegangene Diskussion läßt sich auf Funktionen verallgemeinern, die von einer beliebigen Anzahl von Variablen abhängen. Beispielsweise hänge p von $q, r, s \ldots$ ab:

$$dp = \frac{\partial p}{\partial q}\, dq + \frac{\partial p}{\partial r}\, dr + \frac{\partial p}{\partial s}\, ds + \ldots$$

Dazu ein Beispiel:

$$p = q^2 r \sin z$$

$$\frac{\partial p}{\partial q} = 2qr \sin z$$

$$\frac{\partial p}{\partial r} = q^2 \sin z$$

$$\frac{\partial p}{\partial z} = q^2 r \cos z$$

$$dp = 2qr \sin z\, dq + q^2 \sin z\, dr + q^2 r \cos z\, dz.$$

Ein weiteres Beispiel:

Das Volumen einer Pyramide mit der Höhe h und rechteckiger Basis, die die Abmessungen l und w hat, ist

$$V = \frac{1}{3}\, lwh.$$

Somit ist

$$dV = \frac{1}{3}\, wh\, dl + \frac{1}{3}\, lh\, dw + \frac{1}{3}\, lw\, dh.$$

Wenn die Abmessungen um kleine Beträge dl, dw und dh geändert werden, so ändert sich das Volumen um den Betrag $\Delta V \approx dV$, wobei dV durch den Ausdruck oben gegeben ist.

Anhang B3
Implizite Differentiation

Obwohl die meisten Funktionen, die wir in diesem Buch verwenden, in der einfachen Form $y = f(x)$ geschrieben werden können, ist das nicht immer der Fall. Manchmal haben wir es mit zwei Variablen zu tun, die durch eine Gleichung der Form $f(x, y) = 0$ miteinander verknüpft sind. [$f(x, y)$ bedeutet, daß der Wert von f sowohl von x als auch von y abhängt.] Ein Beispiel hierfür ist $x^2 y + (y + x)^3 = 0$. Es ist nicht leicht, diese Gleichung so zu lösen, daß ihr Resultat die Form $y = g(x)$ oder wenigstens $x = h(y)$ hat. Wir können jedoch $\frac{dy}{dx}$ finden, indem wir folgendermaßen vorgehen:

Wir differenzieren beide Seiten der Gleichung nach x, wobei wir beachten, daß y von x abhängt:

$$\frac{d}{dx}(x^2 y) + \frac{d}{dx}(y + x)^3 = \frac{d}{dx} 0 = 0$$

$$x^2 \frac{dy}{dx} + 2xy + 3(y + x)^2 \left[\frac{dy}{dx} + 1\right] = 0$$

$$\frac{dy}{dx}\left[(x^2 + 3(y + x)^2)\right] = -2xy - 3(y + x)^2$$

$$\frac{dy}{dx} = -\frac{2xy + 3(y + x)^2}{x^2 + 3(y + x)^2}.$$

Eine durch $f(x, y) = 0$ definierte Funktion nennt man eine *implizite* Funktion, da sie die Abhängigkeit eines y von x impliziert (oder auch die Abhängigkeit eines x von y für den Fall, daß wir y als die unabhängige Variable betrachten müssen). Die soeben durchgeführte Prozedur, bei der wir jeden Ausdruck der Gleichung $f(x, y) = 0$ nach der betreffenden Variablen differenziert haben, heißt *implizite Differentiation*.

Wir geben ein weiteres Beispiel der impliziten Differentiation. Es sei $x^2 + y^2 = 1$. Die Aufgabe besteht darin, $\frac{dy}{dx}$ zu finden. Zunächst verwenden wir dazu die implizite Differentiation, dann lösen wir die Gleichung für y und wählen den üblichen Ablauf.

Indem wir beide Seiten der Gleichung nach x differenzieren, erhalten wir

$$2x + 2y \frac{dy}{dx} = 0.$$

Somit ist

$$\frac{dy}{dx} = -\frac{2x}{2y} = -\frac{x}{y}.$$

Eine andere Möglichkeit besteht darin, nach y aufzulösen.

$$y^2 = 1 - x^2, \qquad y = \pm \sqrt{1 - x^2}$$

$$\frac{dy}{dx} = \pm \left(\frac{-2x}{\sqrt{1-x^2}} \times \frac{1}{2} \right) = \mp \frac{x}{\sqrt{1-x^2}} = -\frac{x}{y}.$$

Wir brauchten die implizite Differentiation hier nicht anzuwenden, da wir die Funktion in der Form $y = f(x)$ schreiben konnten. Oft jedoch ist das nicht möglich, wie im ersten Beispiel, und dann ist implizite Differentiation notwendig.

Anhang B4

Differentiation der inversen trigonometrischen Funktionen

1. Berechnung von $\dfrac{d}{dx} \arcsin x$.

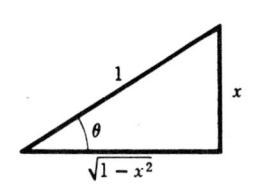

In der Abbildung ist der Winkel θ in ein rechtwinkliges Dreieck eingezeichnet, dessen Hypotenuse gleich eins ist und dessen dem Winkel gegenüberliegende Seite die Länge x hat. Es ist daher $\sin \theta = x/1 = x$ und $\theta = \arcsin x$. Differenzieren des ersten Ausdrucks nach x ergibt

$$\frac{d \sin \theta}{dx} = 1.$$

Indem wir die Kettenregel verwenden, erhalten wir

$$\frac{d}{dx} \sin \theta = \frac{d}{d\theta} \sin \theta \; \frac{d\theta}{dx} = \cos \theta \; \frac{d\theta}{dx} = 1.$$

Dann ist

$$\frac{d\theta}{dx} = \frac{d}{dx} \arcsin x = \frac{1}{\cos \theta}.$$

Wir können den Wert $\cos \theta = \sqrt{1 - x^2}$ einsetzen und erhalten dann unser endgültiges Ergebnis:

$$\frac{d}{dx} \arcsin x = \frac{1}{\sqrt{1 - x^2}}.$$

Beachten Sie, daß wir das Vorzeichen von $\sqrt{1 - x^2}$ so wählen müssen, daß es mit dem von $\cos \theta$ übereinstimmt.

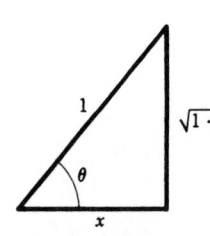

2. Berechnung von $\dfrac{d}{dx} \arccos x$.

Indem wir das abgebildete Dreieck und die obige Entwicklung verwenden, erhalten wir

$$x = \cos \theta$$
$$\theta = \arccos x$$

$$\frac{d}{dx} \cos \theta = 1, \quad \frac{d}{d\theta} \cos \theta \ \frac{d\theta}{dx} = 1$$

$$\frac{d}{dx} \arccos x = \frac{-1}{\sin \theta} = \frac{-1}{\sqrt{1-x^2}}.$$

3. Berechnung von $\frac{d}{dx} \arctan x$.

In dem dargestellten Dreieck ist $\tan \theta = x$, so daß $\theta = \arctan x$.

$$\frac{d}{dx} \tan \theta = \frac{d}{d\theta} \tan \theta \ \frac{d\theta}{dx} = 1. \text{ Aber } \frac{d}{d\theta} \tan \theta = \sec^2 \theta.$$

Daher ist

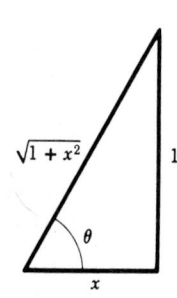

$$\frac{d\theta}{dx} = \frac{1}{\sec^2 \theta} = \cos^2 \theta = \frac{1}{1+x^2}.$$

$$\frac{d}{dx} \arctan x = \frac{1}{1+x^2}.$$

4. Berechnung von $\frac{d}{dx} \text{arccot } x$.

Hier ist $\cot \theta = x$, so daß $\theta = \text{arccot } x$.

$$\frac{d}{dx} \cot \theta = \frac{d}{d\theta} \cot \theta \ \frac{d\theta}{dx} = 1.$$

Aber

$$\frac{d}{d\theta} \cot \theta = - \csc^2 \theta,$$

so daß

$$\frac{d\theta}{dx} = - \frac{1}{\csc^2 \theta} = - \sin^2 \theta = \frac{1}{1+x^2}.$$

$$\frac{d}{dx} \text{arccot } x = \frac{-1}{1+x^2}.$$

Anhang B5

Differentialgleichungen

Jede Gleichung, die eine Ableitung einer Funktion enthält, wird eine *Differentialgleichung* genannt. Derartige Gleichungen treten bei vielen Anwendungen der Differential- und Integralrechnung auf, und ihre Lösung ist das Thema eines sehr lebendigen Zweiges der Mathematik. Wir zeigen an zwei Beispielen, wie eine Differentialgleichung auftreten kann.

1. Das Bevölkerungswachstum

Angenommen, n stelle die Zahl der Menschen in einem bestimmten Land dar. Wir erwarten, daß n eine sehr große Zahl ist, so daß wir die Tatsache vernachlässigen können, daß es eine ganze Zahl sein muß; wir fassen es als stetige positive Zahl auf. (Bei jeder praktischen Anwendung müßten wir n gelegentlich auf die nächste ganze Zahl abrunden.) Die Aufgabe ist die folgende: Angenommen, die Geburtenrate sei proportional zur Einwohnerzahl, so daß jedes Jahr pro n Menschen nA Kinder geboren werden. A ist die Proportionalitätskonstante. Wenn die anfängliche Einwohnerzahl des Landes n_0 Menschen beträgt, wieviele Menschen leben dann dort zu einem späteren Zeitpunkt T? (Bei dieser einfachen Aufgabe vernachlässigen wir die Todesfälle.)

Gibt es n Menschen, so ist die Gesamtzahl der pro Jahr geborenen Kinder nA. Das ist die *Geschwindigkeit* der *Bevölkerungszunahme,* d. h.

$$\frac{dn}{dt} = nA.$$

Diese Differentialgleichung ist besonders einfach. Wir können sie durch Integration auf die folgende Weise lösen:

$$\frac{dn}{n} = A \, dt.$$

Bilden wir das bestimmte Integral von beiden Seiten der obigen Gleichung. Im Anfang ist $t = 0$ und $n = n_0$, am Ende ist $t = T$ und $n = n(T)$. Somit ist

$$\int_{n_0}^{n(T)} \frac{dn}{n} = \int_0^T A \, dt.$$

Das Integral links müßte bekannt sein (wenn nicht, s. Tab. 2, Formel (5)). Indem wir beide Integrale berechnen, erhalten wir

$$\ln n(T) - \ln n_0 = A(T - 0)$$

oder

$$\ln\left[\frac{n(T)}{n_0}\right] = A\,T.$$

Diese Gleichung hat die Form $\ln x = AT$, wobei wir $x = n(T)/n_0$ gesetzt haben. Wir können sie nach y auflösen, indem wir die Relation $e^{\ln x} = x$ verwenden. Folglich ist $x = e^{\ln x} = e^{AT}$, und wir erhalten

$$\frac{n(T)}{n_0} = e^{AT}.$$

Dieser Ausdruck beschreibt die sog. exponentielle Zunahme der Bevölkerung. Ähnliche Ausdrücke gelten für viele Vorgänge mit ähnlicher mathematischer Problemstellung, beispielsweise den Geldzuwachs in Banken auf Grund von Zinsen oder den radioaktiven Zerfall der Atomkerne.

2. Die Schwingungsbewegung

Als zweites Beispiel einer Differentialgleichung betrachten wir die Bewegung eines Teilchens in einer Dimension. Zuweilen ist es möglich, die Bewegung eines Teilchens durch eine Differentialgleichung zu definieren. Beispielsweise sei x die Koordinate des Teilchens relativ zum Ursprung. Angenommen, wir verlangen, daß der Ort x des Teilchens die folgende Differentialgleichung erfüllt:

$$\frac{d^2 x}{d t^2} = -kx. \tag{1}$$

(Diese besondere Gleichung beschreibt die Bewegung eines Pendels oder eines Teilchens, das an einer Feder hängt.)

Es soll herausgefunden werden, wie sich x mit der Zeit ändert, wenn es diese Gleichung erfüllt. Das ist durch „Lösung" der Differentialgleichung möglich. Ein sehr wirksames Mittel, eine Differentialgleichung zu lösen, besteht darin, daß man eine mögliche allgemeine Form des Resultats errät. Diese allgemeine Form wird dann in die Differentialgleichung eingesetzt, worauf man sowohl feststellen kann, daß die Gleichung erfüllt ist, als auch Einschränkungen bestimmt, die für die Lösung gelten sollen.

Differentialgleichungen 273

Wie könnte die richtige Lösung aussehen? Beachten Sie, daß x in einer Weise von der Zeit abhängen muß, daß es bei zweimaliger Differentiation nach der Zeit sein Vorzeichen umkehrt. Genau das geschieht mit der Sinusfunktion, da $\frac{d}{dx} \sin x = \cos x$ und $\frac{d^2}{dx^2} \sin x = \frac{d}{dx} \cos x = -\sin x$ (vgl. 211). Versuchen wir es deshalb mit

$$x = A \sin(bt + c),$$

wobei A, b und c unbestimmte Konstante sind. Differenziert man das zweimal nach der Zeit, so erhält man

$$\frac{dx}{dt} = Ab \cos(bt + c)$$

$$\frac{d^2x}{dt^2} = -Ab^2 \sin(bt + c).$$

Setzen wir das Resultat in Gleichung (1) ein, so erhalten wir

$$-Ab^2 \sin(bt + c) = -kA \sin(bt + c).$$

Die differenzierte Gleichung ist dann für alle t erfüllt, wenn

$$b^2 = k.$$

(Eine andere Möglichkeit, die Gleichung zu erfüllen, lautet $A = 0$. Dies führt jedoch zu dem trivialen Ergebnis $x = 0$, so daß wir diese Möglichkeit außer acht lassen.)

Somit ist die Lösung

$$x = A \sin(\sqrt{k}\, t + c).$$

Die Konstante k ist durch Gleichung (1) gegeben. Hingegen sind die Konstanten A und c willkürlich. Wenn der Ort x und die Geschwindigkeit dx/dt zu irgendeiner Anfangszeit $t = 0$ festgelegt wären, könnten die willkürlichen Konstanten bestimmt werden.

Beachten Sie, daß die von uns gefundene Lösung einem x entspricht, das zwischen $x = A$ und $x = -A$ unendlich oft hin- und herschwingt. Diese Art einer Schwingungsbewegung ist für ein Pendel oder ein an einer Feder aufgehängtes Teilchen charakteristisch, so daß die ursprüngliche Differentialgleichung diese Systeme offensichtlich wirklich beschreibt.

Anhang B6

Literaturvorschläge

F. Erwe, *Differential- und Integralrechnung I, II.* BI-Hochschultaschenbücher, 30a/31a, Bibliogr. Inst., Mannheim 1962.

E. Martensen, *Analysis I, II, III.* BI-Hochschulskripte, 832, 833, 834a, Bibliogr. Inst., Mannheim 1969/71.

F. H. Young, *Grundlagen der Mathematik.* Verlag Chemie, Weinheim 1972.

K. Rottmann, *Mathematische Formelsammlung.* BI-Hochschultaschenbuch, 13, Bibliogr. Inst., Mannheim 1962.

K. Rottmann, *Mathematische Funktionstafeln.* BI-Hochschultaschenbuch, 14a, Bibliogr. Inst., Mannheim 1959.

H. B. Dwight, *Tables of Integrals and Other Mathematical Data.* Macmillan Co., New York 1961.

Übersichtsaufgaben

Die folgenden Aufgaben sind für Leser bestimmt, die sich noch mehr Übung aneignen möchten. Die Aufgaben sind nach Kapiteln und Abschnitten geordnet, ihre Antworten finden Sie auf S. 280 ff.

Kapitel I

Abschnitt 3

Ermitteln Sie die Steigung der Graphen der folgenden Gleichungen:

1. $y = 5x - 5$
2. $4y - 7 = 5x + 2$
3. $3y + 7x = 2y - 5$

Bestimmen Sie die Wurzeln von:

4. $4x^2 - 2x - 3 = 0$
5. $(x^2 - 6x + 9) = 0$

Abschnitt 4

6. Zeigen Sie, daß $\sin \theta \cot \theta / \sqrt{1 - \sin^2 \theta} = 1$.
7. Zeigen Sie, daß $\cos \theta \sin (\frac{\pi}{2} + \theta) - \sin \theta \cos (\frac{\pi}{2} + \theta) = 1$.
8. Wie groß ist: (a) $\sin 135°$, (b) $\cos \frac{7\pi}{4}$, (c) $\sin \frac{7\pi}{6}$?
9. Zeigen Sie, daß $\cos^2 \frac{\theta}{2} = \frac{1}{2}(1 + \cos \theta)$.
10. Berechnen Sie den Cosinus des Winkels zwischen zwei beliebigen Seiten eines gleichseitigen Dreiecks.

Abschnitt 5

11. Berechnen Sie $(-1)^{13}$.
12. Berechnen Sie $[(0{,}01)^3]^{-1/2}$.

13. Drücken Sie log ($[x^x]^x$) durch log x aus.

14. Es sei log (log x) = 0. Berechnen Sie x.

15. Gibt es eine Zahl, für die $x = \log x$ ist?

Verwenden Sie bei den folgenden 5 Fragen die Logarithmentafel unten sowie die Regeln der Logarithmenrechnung.

x	log x	x	log x
1	0,00	5	0,70
2	0,30	7	0,85
3	0,48	10	1,00

Berechnen Sie

16. log $\sqrt{10}$
17. log 21
18. log $\sqrt{14}$
19. log 300
20. log $7^{3/2}$

Kapitel II

Suchen Sie die folgenden Grenzwerte, sofern es sie gibt:

21. $\lim\limits_{x \to 2} \dfrac{x^2 - 4x + 4}{x - 2}$

22. $\lim\limits_{\theta \to \pi/2} \sin \theta$

23. $\lim\limits_{x \to 0} \dfrac{x^2 + x + 1}{x}$

24. $\lim\limits_{x \to 1} [1 + \dfrac{(x + 1)^2}{(x - 1)}]$

25. $\lim\limits_{x \to 3} [(2 + x) \dfrac{(x - 3)^2}{x - 3} + 7]$

26. $\lim\limits_{x \to 1} [\dfrac{(x^2 - 1)}{x - 1}]$

27. $\lim\limits_{x \to \infty} (\dfrac{1}{x})$

28. $\lim\limits_{x \to 0} \log x$

Abschnitt 3

29. Welches ist die Durchschnittsgeschwindigkeit eines Teilchens, das im Verlauf einer Stunde 35 km vorwärts und 72 km rückwärts fliegt?

30. Ein Teilchen bewegt sich immer in einer Richtung. Kann seine Durchschnittsgeschwindigkeit größer als seine Maximalgeschwindigkeit

Kapitel II

31. Ein Teilchen bewegt sich so, daß sein Ort durch $S = S_0 \sin 2\pi t$ gegeben ist, wobei S_0 in Metern, t in Stunden gemessen wird. Bestimmen Sie seine Durchschnittsgeschwindigkeit von $t = 0$ bis

(a) $t = \frac{1}{4}$ Stunde, (b) $t = \frac{1}{2}$ Stunde,

(c) $t = 3/4$ Stunde, (d) $t = 1$ Stunde.

32. Bilden Sie einen Ausdruck für die Durchschnittsgeschwindigkeit eines Teilchens, das den Ursprung in $t = 0$ verläßt und dessen Ort durch $S = at^3 + bt$ gegeben ist, wobei a und b Konstanten sind. Der Durchschnitt erstreckt sich über die Zeit von $t = 0$ bis zur Gegenwart.

33. Finden Sie die Momentangeschwindigkeit eines Teilchens, dessen Ort durch $S = bt^3$ gegeben ist, wobei b eine Konstante ist, für $t = 2$.

Abschnitt 5–8

Berechnen Sie die Ableitung jeder der folgenden Funktionen nach der entsprechenden Variablen. a und b seien Konstanten.

34. $y = x + x^2 + x^3$

35. $y = (a + bx) + (a + bx)^2 + (a + bx)^3$

36. $y = (3x^2 + 7x)^{-3}$

37. $p = \sqrt{a^2 + q^2}$

38. $p = \dfrac{1}{\sqrt{a^2 + q^2}}$

39. $y = x^\pi$.

40. $f = \theta^2 \sin \theta$

41. $f = \dfrac{\sin \theta}{\theta}$

42. $f = (\sin \theta)^{-1}$

43. $f = (\sqrt{1 + \cos^2 \theta})^{-1}$

44. $f = \sin^2 \theta + \cos^2 \theta$

45. $y = \sin [\ln (x)]$

46. $y = x \ln x$

47. $y = (\ln x)^{-2}$

48. $y = x^x$ (Hinweis: was ist $\ln y$? Verwenden Sie die implizite Differentiation, Anhang B3.)

49. $y = a^{(x^2)}$

50. $f = \sin \sqrt{1 + \theta^2}$

51. $y = e^{-x^2}$

52. $y = \pi^x$

53. $y = \pi^{(x^2)}$

54. $f = \ln \sin \theta$

55. $f = \sin (\sin \theta)$

56. $f = \ln e^x$

57. $f = e^{\ln x}$

58. $y = \sqrt{1 - \sin^2 \theta}$

Abschnitt 9

Lösen Sie die folgenden Aufgaben:

59. Berechnen Sie $\dfrac{d^2}{d\theta^2} \cos a\theta$.

60. Berechnen Sie $\dfrac{d^n}{dx^n} e^{ax}$ (n ist eine positive ganze Zahl).

61. $\dfrac{d^2}{dx^2} \sqrt{1 + x^2}$

62. $\dfrac{d^2}{d\theta^2} \tan \theta$

63. $\dfrac{d^3}{dx^3} x^2 e^x$

Abschnitt 10

Stellen Sie fest, wo die folgenden Funktionen ihren Maximal- und/oder Minimalwert haben. Geben Sie entweder die x-Werte explizit an oder stellen Sie eine Gleichung für diese Werte auf.

64. $y = e^{-x^2}$

65. $y = \dfrac{\sin x}{x}$

66. $y = e^{-x} \sin x$

67. $y = \dfrac{\ln x}{x}$

68. $y = e^{-x} \ln x$

69. Stellen Sie fest, ob y für die in Aufgabe 64 gegebene Funktion ein Maximum oder Minimum hat.

Abschnitt 11

Berechnen Sie das Differential df der folgenden Funktionen.

70. $f = x$

71. $f = \sqrt{x}$

72. $f = \sin(x^2)$

73. $f = e^{\sin x}$ (Hinweis: verwenden Sie die Kettenregel)

Kapitel III

Tab. 2, S. 285 wird bei der Lösung der Aufgaben im Abschnitt Integration benötigt.

Abschnitt 2

Berechnen Sie die folgenden unbestimmten Integrale. (Lassen Sie die Integrationskonstanten weg.)

74. $\int \sin 2x \, dx$

75. $\int \dfrac{dx}{x+1}$

76. $\int x^2 e^x dx$ (Versuchen Sie die partielle Integration.)

77. $\int x e^{-x^2} \, dx$

78. $\int \sin^2\theta \, \cos\theta \, d\theta$

Abschnitt 3 und 4

Berechnen Sie die folgenden bestimmten Integrale.

79. $\int_{-1}^{+1} (e^x + e^{-x}) \, dx$

80. $\int_{-\infty}^{\infty} \dfrac{dx}{a^2 + x^2}$

81. $\int_{-\infty}^{\infty} \dfrac{x \, dx}{\sqrt{a^2 + x^2}}$

82. $\int_{-\infty}^{0} x^2 \, e^x \, dx$ (Aufgabe 76 wird helfen)

83. $\int_{0}^{+\pi/2} \sin \theta \, \cos \theta \, d\theta$

84. $\int_{0}^{1} (x + a)^n \, dx$

85. $\int_{-1}^{+1} \dfrac{dx}{\sqrt{1 - x^2}}$

86. $\int_{-1}^{1} (x + x^2 + x^3) \, dx$

Lösungen der Übersichtsaufgaben

1. 5
2. 5/4
3. -7
4. $(1 \pm \sqrt{13})/4$
5. 3,3 (Wurzeln sind identisch)

8. a) $\dfrac{\sqrt{2}}{2}$, b) $\dfrac{\sqrt{2}}{2}$, c) $-\dfrac{1}{2}$

10. $\dfrac{1}{2}$

11. -1
12. 1000
13. $x^2 \log x$
14. $x = 10$
15. Nein
16. 0,50
17. 1,33
18. 0,58
19. 2,48
20. 1,28
21. 0
22. 1
23. Kein Grenzwert
24. Kein Grenzwert
25. 7
26. 2
27. 0
28. Kein Grenzwert
29. -37 km/h
30. Nein
31. a) $4 S_0$ m/h, b) 0 m/h, c) $-4/3\, S_0$ m/h, d) 0 m/h
32. $at^2 + b$
33. $12b$
34. $1 + 2x + 3x^2$
35. $b + 2b(a + bx) + 3b(a + bx)^2$
36. $-3(3x^2 + 7x)^{-4}(6x + 7)$
37. $\dfrac{dp}{dq} = \dfrac{q}{\sqrt{a^2 + q^2}}$
38. $\dfrac{dp}{dq} = \dfrac{-q}{(a^2 + q^2)^{3/2}}.$
39. $\dfrac{dy}{dx} = \pi\, x^{(\pi - 1)}$
40. $\dfrac{df}{d\theta} = 2\theta \sin\theta + \theta^2 \cos\theta$
41. $\dfrac{df}{d\theta} = \dfrac{\cos\theta}{\theta} - \dfrac{\sin\theta}{\theta^2}$
42. $\dfrac{df}{d\theta} = -\dfrac{\cos\theta}{\sin^2\theta}$
43. $\dfrac{df}{d\theta} = \dfrac{\cos\theta \sin\theta}{(1 + \cos^2\theta)^{3/2}}$
44. $\dfrac{df}{d\theta} = 0$
45. $\dfrac{dy}{dx} = \dfrac{\cos[\ln(x)]}{x}$
46. $\dfrac{dy}{dx} = 1 + \ln x$
47. $\dfrac{dy}{dx} = \dfrac{-2}{x}(\ln x)^{-3}$
48. $\dfrac{dy}{dx} = x^x (1 + \ln x)$
49. $\dfrac{dy}{dx} = 2x\, a^{(x^2)} \ln a$

Lösungen der Übersichtaufgaben

50. $\dfrac{\theta}{\sqrt{1+\theta^2}} \cos\sqrt{1+\theta^2}$

51. $-2xe^{-x^2}$

52. $\pi^x \ln \pi$

53. $2x\pi^{x^2} \ln \pi$

54. $\cot \theta$

55. $[\cos(\sin\theta)] \cos\theta$

56. 1

57. 1

58. $-\sin\theta$

59. $-a^2 \cos a\theta$

60. $a^n e^{ax}$

61. $\dfrac{1}{\sqrt{1+x^2}} - \dfrac{x^2}{(1+x^2)^{3/2}}$

62. $2\sec^2\theta \tan\theta$

63. $(6+6x+x^2)e^x$

64. $x=0$

65. $x = \tan x \quad (x=0, \ldots)$

66. $x = \arctan 1 = \dfrac{\pi}{4} \pm n\pi,$
  $n = 0, 1, 2, \ldots$

67. $x = e \;\; (\ln x = 1)$

68. $\dfrac{1}{x} = \ln x$

69. Maximum

70. $df = dx$

71. $df = \dfrac{dx}{2\sqrt{x}}$

72. $df = 2x \cos(x^2)\, dx$

73. $df = \cos x\, e^{\sin x}\, dx$

74. $\dfrac{-1}{2} \cos 2x$

75. $\ln(x+1)$

76. $x^2 e^x - 2xe^x + 2e^x$

77. $-\dfrac{1}{2} e^{-x^2}$

78. $\dfrac{1}{3} \sin^3\theta$

79. $2\left(e - \dfrac{1}{e}\right)$

80. $\dfrac{\pi}{a}$

81. 0

82. 2

83. $\dfrac{1}{2}$

84. $\dfrac{(1+a)^{n+1} - a^{n+1}}{(n+1)}$

85. π

86. $\dfrac{2}{3}$

Tabellen

Tabelle 1. Ableitungen

Diese Liste gibt die Differentiationsformeln an. Am Rand ist der betreffende Lernschritt vermerkt. In den folgenden Ausdrücken ist ln x der natürliche Logarithmus oder der Logarithmus zur Basis e; u und v sind von x abhängige Variable; w hängt von u ab, das wiederum von x abhängt; a und n sind Konstante. Alle Winkel sind in Radiant gemessen.

Lernschritt

1. $\dfrac{da}{dx} = 0$ — 172

2. $\dfrac{d}{dx} ax = a$ — 174

3. $\dfrac{dx^n}{dx} = nx^{n-1}$ — 180

4. $\dfrac{d}{dx}(u+v) = \dfrac{du}{dx} + \dfrac{dv}{dx}$ — 186

5. $\dfrac{d}{dx}(uv) = u\dfrac{dv}{dx} + v\dfrac{du}{dx}$ — 189

6. $\dfrac{d}{dx}\left(\dfrac{u}{v}\right) = \dfrac{1}{v^2}\left[v\dfrac{du}{dx} - u\dfrac{dv}{dx}\right]$ — 202

7. $\dfrac{dw}{dx} = \dfrac{dw}{du}\dfrac{du}{dx}$ — 194

8. $\dfrac{du^n}{dx} = n\,u^{n-1}\dfrac{du}{dx}$ — Aus Gl. (2) und (7)

9. $\dfrac{d\ln(x)}{dx} = \dfrac{1}{x}$ — 230

10. $\dfrac{d\log_{10}x}{dx} = \dfrac{1}{x}\log_{10}e$ — 234

11. $\dfrac{de^x}{dx} = e^x$ — 239

12. $\dfrac{da^x}{dx} = a^x \ln(a)$ — 238

13. $\dfrac{du^v}{dx} = vu^{v-1}\dfrac{du}{dx} + u^v \ln(u)\dfrac{dv}{dx}$

14. $\dfrac{\mathrm{d}\sin x}{\mathrm{d}x} = \cos x$ $\boxed{210}$

15. $\dfrac{\mathrm{d}\cos x}{\mathrm{d}x} = -\sin x$ $\boxed{211}$

16. $\dfrac{\mathrm{d}\tan x}{\mathrm{d}x} = \sec^2 x$ $\boxed{212}$

17. $\dfrac{\mathrm{d}\sec x}{\mathrm{d}x} = \sec x \tan x$ $\boxed{213}$

18. $\dfrac{\mathrm{d}\cot x}{\mathrm{d}x} = -\csc^2 x$

19. $\dfrac{\mathrm{d}\arcsin x}{\mathrm{d}x} = \dfrac{1}{\sqrt{1-x^2}}$ (Anhang B4)

20. $\dfrac{\mathrm{d}\arccos x}{\mathrm{d}x} = \dfrac{-1}{\sqrt{1-x^2}}$ (Anhang B4)

21. $\dfrac{\mathrm{d}\arctan x}{\mathrm{d}x} = \dfrac{1}{1+x^2}$ (Anhang B4)

22. $\dfrac{\mathrm{d}\operatorname{arccot} x}{\mathrm{d}x} = \dfrac{-1}{1+x^2}$ (Anhang B4)

2. Integrale

Tabelle 2. Integrale

Die folgende Liste der Integrale aus $\boxed{307}$ wird hier der Bequemlichkeit halber wiederholt. In dieser Liste sind u und v von x abhängige Variable; w ist eine von u abhängige Variable, u wiederum hängt von x ab; a und n sind Konstante; die willkürlichen Integrationskonstanten sind hier der Einfachheit halber weggelassen.

1. $\int a \, dx = ax$
2. $\int a f(x) \, dx = a \int f(x) \, dx$
3. $\int (u + v) \, dx = \int u \, dx + \int v \, dx$
4. $\int x^n \, dx = \dfrac{x^{n+1}}{n+1} \quad (n \neq -1)$
5. $\int \dfrac{dx}{x} = \ln x$
6. $\int e^x \, dx = e^x$
7. $\int e^{ax} \, dx = e^{ax}/a$
8. $\int b^{ax} \, dx = \dfrac{b^{ax}}{a \ln b}$
9. $\int \ln x \, dx = x \ln x - x$
10. $\int \sin x \, dx = - \cos x$
11. $\int \cos x \, dx = \sin x$
12. $\int \tan x \, dx = - \ln \cos x$
13. $\int \cot x \, dx = \ln \sin x$
14. $\int \sec x \, dx = \ln (\sec x + \tan x)$
15. $\int \sin x \cos x \, dx = \dfrac{1}{2} \sin^2 x$
16. $\int \dfrac{dx}{a^2 + x^2} = \dfrac{1}{a} \arctan \dfrac{x}{a}$

17. $\int \dfrac{dx}{\sqrt{a^2 - x^2}} = \arcsin \dfrac{x}{a}$

18. $\int \dfrac{dx}{\sqrt{x^2 \pm a^2}} = \ln\left[x - \sqrt{x^2 \pm a^2}\right]$

19. $\int w(u)\, dx = \int w(u)\, \dfrac{dx}{du}\, du$

20. $\int u\, dv = uv - \int v\, du$

Register

abhängige Variable s. Variable
Ableitung 83f, 238f
  Definition 85, 238
  graphische Darstellung 88f
  höherer Ordnung 137f, 241
  Kehrwert der 261
  partielle 264f
  zweite 138
Absolutwert 13, 234
Abszisse 10
Achsen s. Koordinatenachsen
Änderung der Variablen 175
Analysis 53
Anhang A 247f
Anhang B 263f
Arkus Sinus 41, 236
  Ableitung 269
Arkus Tangens 41, 236

Basis eines Logarithmus 48, 51, 236–237
Beschleunigung 138–139
Betrag s. Absolutwert
Bevölkerungswachstum s. Wachstum
Bogenminute 25
Bogensekunde 25

Definitionsbereich 4, 233
Differential 150f, 241, 260
Differentialgleichungen 271f
Differentialrechnung 53f, 237f
Differentiation 97f
  von Exponentialfunktionen 133f, 240
  implizite 267
  von inversen trigonometrischen Funktionen 269
  Kettenregel der 110f, 240
  des Kosinus 122, 256
  von Logarithmen 126f, 240, 259
  partielle 264f
  des Sinus 119f, 240
  der trigonometrischen Funktionen 119f, 240, 256
  von x^n 102, 240, 254
  von $u+v$ 106, 240
  von uv 108, 240
  von u/v 114, 240
Dimension s. Maßeinheit
Dreieck 34f

e (Eulersche Zahl) 63, 126, 237, 240, 258
Element einer Menge 3
Entfernung als Integral der Geschwindigkeit 207, 245
Exponentialfunktion 42f, 236
  Differentiation 133f, 240
  Integration 172, 285
Extremwerte 141f

Fakultät $n!$ 140
Fläche
  geschlossener Kurven 216f
  unter einer Kurve 184f, 197f, 243
  negative 186
Fundamentalsatz der Integralrechnung 201, 245
Funktion 1f, 233f
  mit gleicher Ableitung 262
  des Absolutbetrags 13–14, 234
  Definition 3, 263
  exponentielle 42f
  konstante 12, 234
  lineare 15f, 234
  logarithmische 48f, 236
  periodische 37
  quadratische 22f, 234
  stetige 65
  trigonometrische 25f, 235, 252

Geschwindigkeit 21f, 70f, 238
  durchschnittliche 74, 238
  momentane 75f, 238
Gleichungen
  Differential- 271f
  lineare 15
  quadratische 22
Grad 25f, 235
Graphische Darstellung 9f, 234
  der Ableitung 88
Grenzen eines Integrals 20

Grenzwert 53f, 237, 248f
　Definition 60, 237
　Theoreme über 248f
　trigonometrischer Funktionen 252f

Horizontale Achse 9, 234

Implizite Differentiation
　s. Differentiation
Integral 163f, 242f
　bestimmtes 197f, 244f
　mehrfaches 216f, 228, 246
　unbestimmtes 163f, 242f
Integralrechnung 163f, 242f
　Fundamentalsatz 201, 245
Integraltafel 172, 285
Integrand 165
Integration 169f, 243
　numerische 231
　partielle 180
Integrationsgrenzen 203
Intervall 54
Inverse trigonometrische Funktionen 41, 236
　Differentiation 269–270
Irrationale Zahl s. Zahl

Kegel 211
Kehrwert der Ableitung 261
Kettenregel 110, 257
Koordinatenachsen 9
Koordinatenursprung 9
Kosekans 31
Kosinus 31f, 235
　Ableitung 122, 256
Kotangens 31f, 235
Kreis 25f, 30f
Kreiskegel s. Kegel

Lineare Funktion s. Funktion
Lösungen der Übersichtsaufgaben 280–281
Logarithmische Funktion 48f, 236
　Differentiation 126f, 240, 259
Logarithmus
　s. logarithmische Funktion

Maßeinheit 7
Maximum 141f, 241

Mehrfaches Integral s. Integral
Menge 3, 233
Minimum 141f, 241
Minute s. Bogenminute
Momentangeschwindigkeit 75f, 238

Natürlicher Logarithmus 128, 240
Negative Fläche s. Fläche
Numerische Integration s. Integration

Ordinate 10

Parabel 22, 235
Partielle Ableitung s. Ableitung
Pendelbewegung 272
Periodische Funktion s. Funktion
Planimeter 231

Quadratische Funktion s. Funktion

Radiant 25f, 235
Radius 26
Rechtwinkliges Dreieck s. Dreieck

Schwingung 272
Sekans 31, 235
Sekunde s. Bogensekunde
Sinus 30f, 235
　Ableitung 122, 256
Steigung 16f, 72, 76f, 234, 238
Substitution
　s. Änderung der Variablen
Symbole (Verzeichnis) 291

Tabellen
　Ableitungen 283–284
　Integrale 172–173, 285–286
　Literatur 230, 274
Tangens 30f, 235
Transformation
　s. Änderung der Variablen
Trigonometrische Funktionen 25f, 235, 252
　Differentiation 119f, 240, 256
　Grenzwerte 252
　Integration 172, 285
　inverse 41, 236
　Summen und Differenzen von Winkeln 39f, 236, 247

Register

Übersichtsaufgaben 275f
   Lösungen 280–281
Umfang eines Kreises 26
Unabhängige Variable s. Variable
Ursprung 9

Variable 4f, 233
   abhängige 4f, 233
   unabhängige 4f, 233
Vertikale Achse 9, 234
Volumen 211f, 226f
Vorzeichen 13

Wachstum 271
Winkel 25f, 235

Winkelsumme 39, 236, 247
Wurzel 7, 22f, 235

x-Achse 9, 234

y-Achse 9, 234

Zahl
   irrationale 46
   negative 3
   positive 3
   rationale 46
   reelle 3, 235
Zweite Ableitung
   s. Ableitung

Verzeichnis der Symbole

Die Hinweise beziehen sich auf die Seitenzahlen

A, A_{ab}, Fläche 186
a, Beschleunigung 138–140
a^m 42, 236
a^{-m} 42, 236
$a^{m/n}$ 45, 236
arc, Bogenlänge 28
arccos 41, 236
arcsin 41, 236
arctan 41, 236
c, (Integrations)konstante 166
cos, Kosinus 30–31, 235
cot, Kotangens 30–31, 235
csc, Kosekans 30–31, 235
dx, Differential von x 150–154, 241
dy, Differential von y 150–154, 241
$\frac{dy}{dx}$, dy/dx, $\frac{d}{dx}(y)$, Ableitung von y nach x 85, 238
$\frac{d^2y}{dx^2}$, zweite Ableitung von y nach x 137–140
$\frac{d^n y}{dx^n}$, n-te Ableitung von y nach x 140, 241
$\frac{\partial w}{\partial x}$, partielle Ableitung von w nach x 264
δ, Delta (kleiner griech. Buchstabe) 60
Δ, Delta (großer griech. Buchstabe) 78, 151, 238
$\Delta'A$, Element einer Fläche 219
e, Basis der natürlichen Logarithmen 63, 126, 237, 240, 258
ϵ, Epsilon (griech. Buchstabe) 60
$f(x)$ 8, 234, 262
$f(l, w)$ 264
$\lim_{x \to a}$ 57, 237
log 48–51, 236–237
$\log_r x$ 51, 237
ln x 128, 240
m, Steigung 15, 18
π, Pi (griech. Buchstabe), Verhältnis von Kreisumfang zu -durchmesser 26
rad 26
S, Entfernung 70, 238
sec, Sekans 30–31, 235
sin, Sinus 30–31, 235
tan, Tangens 30–31, 235
Σ, Sigma (griech. Buchstabe), Summenzeichen 199
$\sum_{i=1}^{n} g(x_i)$ 199
$\int, \int$, Integralzeichen 165, 200
$\int f(x)\,dx$, unbestimmtes Integral von $f(x)$ 165, 242
$\int_a^b f(x)\,dx$, bestimmtes Integral von $f(x)$ 200–206, 243
t, Zeit 70
θ, Theta (griech. Buchstabe), Winkelsymbol 25
v, Geschwindigkeit 70, 238
$\bar{v}$, Durchschnittsgeschwindigkeit 74
(x,y) 10
$|x|$, Absolutwert 13
$\neq$, ungleich 62
$\approx$, ungefähr gleich 187
$0 < |x-a| < B$ 54
$'$ Zeichen für Ableitung 86, 238; auch: Bogenminute 25
$''$, Sekunde 25
$°$, Grad 25
$\angle$, Winkel 28
$>$, größer als 13
$<$, kleiner als 13
$\geqslant$ oder $\geq$, gleich oder größer als 13
$\leqslant, \leq$, gleich oder kleiner als 13
$\sqrt{}$, Symbol für Quadratwurzel
$!$, Symbol für Fakultät 140
∞, unendlich
$/$, Bruchstrich
$|_a^b$, 195

↑ Gesamtübersicht

Chemie

Aylward/Findlay ↑ 27
Datensammlung Chemie
in SI-Einheiten

Bell ↑ 19
Säuren und Basen
und ihr quantitatives Verhalten

Bellamy ↑ 28
Lehrprogramm
Orbitalsymmetrie

Borsdorf/Dietz/ ↑ 32
Leonhardt/Reinhold
Einführung in die
Molekülsymmetrie
Ein Lehrprogramm

Braig ↑ 47
Lehrprogramm Atombau
und Periodensystem

Budzikiewicz ↑ 5
Massenspektrometrie
Eine Einführung

Christensen/Palmer ↑ 23
Lehrprogramm Enzymkinetik

Cooper ↑ 6
Das Periodensystem
der Elemente

Cordes ↑ 69
Allgemeine Chemie, Bd. 1*
Stoff, Energie, Symmetrie

Cordes ↑ 70
Allgemeine Chemie, Bd. 2
Struktur und Bindung

Coulson ↑ 53
Geometrie und elektronische
Struktur von Molekülen

Eberson ↑ 13 u. 14
Organische Chemie I und II

Eberson/Senning ↑ 57
Organische Chemie III
Übungen und Aufgaben zu
Organische Chemie I und II

Experimente aus der Chemie ↑ 74

Fahr/Mitschke ↑ 61
Spektren und Strukturen
organischer Verbindungen

Friebolin ↑ 15
NMR-Spektroskopie
Eine Einführung mit Übungen

Günzler/Böck ↑ 43/44
IR-Spektroskopie

Gunstone ↑ 39
Lehrprogramm Stereochemie

Hallpap/Schütz ↑ 31
Anwendung der
^{1}H-NMR-Spektroskopie

Hamann/Vielstich ↑ 41
Elektrochemie I
Leitfähigkeit, Potentiale,
Phasengrenzen

Hamann/Vielstich ↑ 42
Elektrochemie II

Haussühl ↑ 64
Kristallgeometrie

Haussühl ↑ 65
Kristallstrukturbestimmung

Haussühl* ↑ 67
Kristallphysik

Hawes/Davies ↑ 38
Aufgabensammlung
Physikalische Chemie
in SI-Einheiten

Heslop ↑ 9
Praktisches Rechnen
in der Allgemeinen Chemie

Price ↑ 10
Die räumliche Struktur
organischer Moleküle

Reich ↑ 62
Thermodynamik

Schomburg ↑ 48
Gaschromatographie

Swinbourne ↑ 37
Auswertung und Analyse
kinetischer Messungen

Sykes ↑ 20
Reaktionsmechanismen
der Organischen Chemie

Sykes ↑ 8
Reaktionsaufklärung
Methoden und Kriterien der
organischen Reaktions-
mechanistik

Tobe ↑ 35
Reaktionsmechanismen der
Anorganischen Chemie

Wiegand ↑ 55 u. 56
Werkstoffkunde
Bd. 1 Eisenwerkstoffe
Bd. 2 Nichteisenwerkstoffe*

Biologie und Medizin

Abt* T 59
Biomathematik/Biostatistik für Mediziner

Benfey T 11
Mechanismen organisch-chemischer Reaktionen

Beyermann T 63
Molekülmodelle

Campbell T 78
Mikrobielle Ökologie *

Christensen/Palmer* T 23
Lehrprogramm Enzymkinetik

Clayton T 33
Photobiologie I
Physikalische Grundlagen

Clayton T 34
Photobiologie II
Die biologischen Funktionen des Lichts

Collee T 79
Angewandte Medizinische Mikrobiologie

Dawes/Sutherland T 73
Physiologie der Mikroorganismen

v. Dehn T 30
Vergleichende Anatomie der Wirbeltiere

Experimente aus der Biologie T 76

Flad-Schnorrenberg T 80
Die Entdeckung des Lebendigen

Friemel/Brock T 21
Grundlagen der Immunologie

Funk-Kolleg Biologie T 49 u. 50

Hammen T 36
Quantitative Biologie

Hornung T 52
Prüfungsfragen Biomathematik
Zum Gegenstandskatalog der Approbationsordnung für Ärzte

Nelson/Robinson/Boolootian T 1 u. 2
Allgemeine Biologie I und II

Primrose T 40
Einführung in die Virologie

Steitz T 16
Die Evolution des Menschen

Wilkinson T 26
Einführung in die Mikrobiologie

Mathematik

Brickell T 51
Matrizen und Vektorräume

Fuhrmann/Zachmann T 45
Übungsaufgaben zur Mathematik für Chemiker

Kleppner/Ramsey T 7
Lehrprogramm Differential- und Integralrechnung

Masterton/Slowinski* T 81
Elementare Mathematik für das Chemiestudium

Schmidt T 46
Lehrprogramm Statistik

Schmidt T 54
Intensivkurs Mathematik
Programmierte Prüfung für das Selbststudium

Schmidt T 75
Lehrprogramm Vektorrechnung

Schramm T 22
Grundlagen der Mathematik für Naturwissenschaftler
Zahlen — Funktionen — Lineare Algebra

Topping T 29
Fehlerrechnung

Williams T 25
Fourierreihen und Randwertaufgaben

Physik und Astronomie

Fleischmann/Loos T 60
Übungsaufgaben zur Experimentalphysik

Marks T 24
Relativitätstheorie
Eine Einführung in die klassische, spezielle und allgemeine Theorie

Wick T 18
Elementarteilchen
An den Grenzen der Hochenergiephysik

---

* In Vorbereitung

Stand: Februar 1982